我
们
一
起
解
决
问
题

改变的历程

告别旧我与创造新我的28天冥想训练

[美] 乔·迪斯派尼兹
（ Joe Dispenza ）—— 著

凌春秀 —— 译

Breaking the Habit of Being Yourself

How to Lose Your Mind and
Create a New One

人民邮电出版社
北 京

图书在版编目（CIP）数据

改变的历程：告别旧我与创造新我的28天冥想训练 / （美）乔·迪斯派尼兹（Joe Dispenza）著；凌春秀译. -- 北京：人民邮电出版社，2017.12
ISBN 978-7-115-47094-2

Ⅰ. ①改… Ⅱ. ①乔… ②凌… Ⅲ. ①成功心理一通俗读物 Ⅳ. ①B848.4-49

中国版本图书馆CIP数据核字(2017)第252769号

内 容 提 要

　　我们最大的习惯就是做习惯的自己。我们习惯了自己固有的情绪和人格，习惯了旧有的思维方式，甚至习惯了用物质来填补内心的匮乏感和空虚感。我们疲于维系"外在自我"，却忽视了真正的"内在自我"，我们蜷缩在由旧日习惯织成的"茧"中，任由外物束缚着自己。漫漫人生旅途中，生命还有豁然开朗的可能性吗？

　　人人都有能力去创造自己想要的命运。在《改变的历程》一书中，知名的作家、演说家、前沿科学研究者及脊椎治疗师乔·迪斯派尼兹博士将量子物理、神经科学、脑化学、生物学及基因学诸学科结合在一起，告诉我们如何重新连接与心理和情绪相关的神经回路，以及如何通过冥想打破习惯的"茧"，在触手可及的未来遇见理想的自己，获得真正的快乐和幸福。

　　在这本不拘一格的行动手册中，乔·迪斯派尼兹博士将前沿科学与实际应用紧密地结合起来，并将其完美融入人们的日常生活，向我们展示破"茧"之后即现光明。

　◆　　著　　　[美]乔·迪斯派尼兹（Joe Dispenza）
　　　　译　　　凌春秀
　　　责任编辑　贾淑艳
　　　执行编辑　闫冠男
　　　责任印制　焦志炜

　◆　人民邮电出版社出版发行　　北京市丰台区成寿寺路11号
　　邮编　100164　电子邮件　315@ptpress.com.cn
　　网址　http://www.ptpress.com.cn
　　固安县铭成印刷有限公司印刷

　◆　开本：880×1230　1/32
　　印张：11.5　　　　　　　　2017年12月第1版
　　字数：250千字　　　　2025年10月河北第38次印刷
　　著作权合同登记号　图字：01-2016-0516号

定价：59.00元
读者服务热线：(010)81055656　印装质量热线：(010)81055316
反盗版热线：(010)81055315

对市书的评价

乔·迪斯派尼兹博士希望通过这本书给予你力量，让你放下那些消极的情绪，去拥抱积极的信念。这本睿智、广博、实用的书将帮助你成为最理想的、最精彩的自己，让你"迈向属于自己的命运"。

——朱迪丝·奥尔洛夫 医学博士

著有《情绪自由》（*Emotional Freedom*）

在这本书中，乔·迪斯派尼兹博士用科学的方法探索了现实中的问题，向读者提供了能帮助他们在生活中实现关键、积极改变的必要工具。所有阅读本书并将书中的方法付诸实践的人，都会从中受益。这本书用简单平实、通俗易懂的语言解释了最前沿的理念，循循善诱地引导读者实现从内而外的持久改变。

——罗琳·麦克雷 哲学博士

心数研究中心（HeartMath Research Center）研究总监

乔·迪斯派尼兹博士写了一本让人读起来轻松有趣且通俗

易懂的行动手册，告诉你如何重新连接与心理和情绪相关的神经回路。这本书传递了一个简单但有力的信息：你今日的想法决定你明天的生活。

琳恩·麦克塔格特 畅销书作者 著有《场》（*The Field*）、《意向实验》（*The Intention Experiment*）和《联结》（*The Bond*）等书

《改变的历程》将前沿科学与实际应用有力地结合起来，完美融入人们的日常生活。科学知识告诉我们，当新的发现改变了我们对原子的认识，我们对自己、对大脑的认识也会随之改变。本书中，乔·迪斯派尼兹博士以自己的亲身经历为基础，告诉读者如何让我们的身体、生活以及关系发生积极向上的改变。这是一本你想一直放在手边供自己练习的实用手册，在这本严谨负责、研究透彻的著述中，乔博士提供了简单易行、步骤分明的技巧，让每个人都有机会去体验自己的量子场，并找到最适合自己的东西。

书中既有高效的练习题，帮助处理那些让我们陷在旧理念中的思维，也有简单的小实践，能让我们跳出限制性理念的羁绊。它是一本实用指南，带领着我们迈向从小就梦寐以求的成功人生。如果你一直想了解很多生物学基础理论里没有的知识，却又被那些高深的科学术语吓得望而却步，那么，这本书可以满足你的期待！

——格雷格·布莱登 著有纽约时报畅销书《深刻真理与神性矩阵》（*Deep Truth and The Divine Matrix*）

作为心理学家，数年来我一直在对这本书中提到的很多观点冥思苦想。必须承认，这本书可能会改变心理学领域中一些长期保留的理念。乔博士的结论以神经科学为基础，对"我们认为自己是谁以及自己有哪些可能"的观点提出了挑战。这是一本精彩绝妙、振奋人心的好书。

——艾伦·博金博士 临床心理学家

我们正处于一个无与伦比的个人成长新时代，在现代科学前沿和古老文化精髓之间，已经建立起了一个良性的反馈循环。乔·迪斯派尼兹博士的新书巧妙而透彻地解释了我们的大脑和身体如何工作的"硬科学"。他将这种科学理论应用于一个为期四周的个人基本改变计划上，向我们展示了如何用结构化的冥想来有意识地重新连接神经网络，获得创造力和喜悦。

——道森·丘奇 博士
著有畅销书《基因里的精灵》（*The Genie in Your Genes*）

乔·迪斯派尼兹博士给我们带来了一本实用指南，他让脑科学变得实用，他向我们展示了如何摆脱情绪的控制，如何创造幸福、健康及丰盛的生活，以及如何将梦想变成现实。我已经等待这本书很久了！

——阿贝托·维洛多 博士
著有《开启你的大脑》（*Power Up Your Brain*）
及《巫师·治疗师·智者》（*Shaman，Healer，Sage*）

推荐序

我们做任何事情都离不开大脑的指挥，包括思考、感觉、行动以及与他人投缘的程度。大脑是影响一个人的人格、个性、智商及决策的器官。在过去的 20 年里，我为全世界数以万计的病人做过脑成像扫描，如此丰富的工作经验让我清楚地知道：只有当大脑正常工作时，你才能正常地生活；当大脑出现故障时，你的生活就极有可能遇到麻烦。

大脑健康一点，你就会更开心、更健康、更富有、更睿智，你会做出更有用的决策，进而也会更成功、更长寿。而如果大脑不够健康，不管是由什么原因导致的——例如，头部受伤或过去的情感创伤——人们的心情就会更低落，罹患更多疾病，生活更贫困，为人也不够智慧，成功的可能性也因而更小。

过往的创伤——包括心理和生理的——会损害我们的大脑，这一点很好理解。不过，研究人员还发现，消极想法和来自过去的不良模式也能影响到大脑。

比如说，从小到大，我哥哥总是一逮着机会就猛推我一把，这让我长年累月地感到紧张和恐惧，导致焦虑水平居高不下，形成了焦虑性思维模式，总是处于防备状态，担心厄运会突然降临。这种恐惧让我的大脑恐惧中心长期处于过度活跃状态，直到很久以后，我才有能力解决这个问题。

乔·迪斯派尼兹博士是我的同事，在这本书中，他将指导大家如何优化大脑中的硬件和软件，帮助大家达到一种全新的意识状态。他的这本新书建立在严谨的科学基础上，用他一贯的慈悲与睿智，向世人传播他的思想。

尽管我认为大脑就像一台电脑，同样有硬件也有软件，但大脑的硬件功能（即大脑的实际生理功能）并非一成不变，它与大脑的软件功能或一生中不断发生的编程、重塑过程是分不开的。它们对彼此有着戏剧性的影响。

绝大部分人都有某种来自现实生活的创伤性经历，留下了无法消除的伤痕，然后每日带着这些伤痕生活。这些过往经验会成为我们大脑功能的一部分，如果我们能够设法将这些经验抹掉，必然会获得超乎想象的疗愈效果。当然，养成一些有助于大脑健康的习惯，例如正确饮食、体育锻炼、服用某些大脑保健品等，是保证大脑健康工作的关键。不过，除此以外，你每时每刻的想法都对大脑有着强大的治疗效果……但也可能加重你受到的损伤。同样，过往经验也能与我们的大脑形成固定连接。

我们在阿门诊所（Amen Clinics）所做的研究被称为"SPECT脑功能成像"，SPECT是指单光子发射计算机断层成像术（single-photon emission computed tomography），是一项核医学技术，主要用来观察血流和脑部活动模式。这种成像技术与CT

和 MRI 不同，CT 和 MRI 观察的是大脑的解剖图像，而 SPECT
观察的是大脑如何运作。我们的 SPECT 研究目前已经积累了 7
万多张扫描图像，这些图像教给了我们很多与大脑有关的重要
生活经验，例如：

- 脑部受伤可能会彻底摧毁一个人的人生；
- 酒精饮料绝对不是健康食品，从 SPECT 图像中我们看
  到，它们通常会对大脑造成明显的损伤；
- 一些常规药物，如常见的抗焦虑药物，对大脑没有好处；
- 有一些疾病，如阿兹海默症，事实上在病人有相关症状
  出现的数十年前就在大脑中初现端倪了。

我学到的最令人激动的经验之一，就是人们可以利用一些
对大脑有益的日常习惯来改变大脑，改变人生，例如乔·迪斯
派尼兹博士提出的改变消极信念、体验冥想过程等习惯。

SPECT 扫描还告诉我们，在社会生活中我们需要对大脑给
予更多的关爱和尊重，让儿童参与橄榄球或曲棍球等强烈对抗
性运动并不明智。

在我们已发表的一系列研究成果中，乔·迪斯派尼兹博士
推荐的冥想练习能够促进血液流向大脑的前额叶，那里是人脑
思考活动最集中的地方。实验发现，坚持 8 周每日冥想后，被
试的前额叶皮质在静息状态下的功能连接变得更强，记忆力变
得更好。事实上，可以用来疗愈、优化大脑的方法实在是太多了。

我希望，你们能够像我一样，养成"嫉妒更强大脑"[①]的习惯，

---

① 指羡慕、向往那些处于更佳状态的大脑。——译者注

时时渴望拥有一个工作状态更佳的大脑。从事的脑成像研究彻底改变了我的生活。1991 年，就在我刚开始从事 SPECT 扫描工作不久，我决定看看自己的大脑处于什么状态。当时我才 37 岁，当我看到扫描图上的大脑那明显被毒害的、凹凸不平的外观，我就知道自己的大脑并不健康。我这辈子很少碰酒精饮料，从不吸烟，也从没用过非法药物。但为什么我的大脑看起来如此糟糕？事实上，在真正理解大脑健康的重要性之前，我有很多不良用脑习惯：吃大量快餐，把无糖汽水视为最亲密的伙伴；晚上经常熬夜，每天睡眠不足 4 个小时；还背负着过往生活留给我的、未经仔细检查的伤害。我不锻炼，长期在压力下生活，体重超标 30 磅（约为 13.6 千克）。由于过往的无知，我一直在给自己制造伤害，而且不止一点点。

我的上一次大脑扫描图像看上去比 20 年前健康多了，而且年轻多了。我的大脑确实在减龄——一旦你下定决心用正确的方式照顾自己的大脑，你就会发现，你的大脑同样具有强大的可塑性。就是在看到自己的第一张大脑扫描图像后，我产生了让大脑变得更好的愿望。我希望这本书也能够帮助你让自己的大脑变得更好。我希望你们会发现，读这本书真的是一种享受，就像我一样。

丹尼尔·阿门（Daniel G. Amen）医学博士
《改变大脑，改变人生》（*Change Your Brain, Change Your Life*）作者

你能打破的最大习惯，
就是如何存在

　　当思考所有与创造梦想生活有关的书时，我意识到一个问题：很多人寻找的依然是有充分科学证据支持的方法，也就是世人眼中真正见效的手段。不过，对大脑、身体、精神、意识进行的新研究——它们对我们理解力的冲击就如同物理学上的量子跃迁——已经指出，我们生来就知道自己的真正潜能是什么，而实现这些潜能的可能的手段，则比我们以往所知的要多得多。

　　我是一名职业脊椎治疗师，经营着一家综合性卫生诊所，同时也是神经科学、脑功能、生物和脑化学领域的教育从业者，这样的身份给了我很多便利条件，让我有机会在这项新研究的某些方面处于前沿位置，我不仅能参与对上述领域的研究，还有机会观察这项新科学在你我这样的普通人身上所产生的效果——那就是这项新科学提出的可能性变为现实的时刻。

在这个过程中，我亲眼见证了令人惊叹的改变——当个体真的改变了自己的想法时，他们的健康状况和生活质量发生了翻天覆地的变化。在过去数年中，我有幸采访了大批战胜了严重健康问题的人，此前他们不是被认定已病入膏肓，就是被判定永难治愈。如果按照现代医学模式，这些病人的恢复会被贴上"自然康复"的标签。

但是，在对他们的内心历程进行了广泛深入的研究之后，我清楚地认识到，这个康复过程有着极其强烈的意识元素参与其中……而且，他们的生理改变根本就不是那么"自然而然"。这一发现促使我去攻读了脑成像、神经可塑性、遗传学及心理神经免疫学领域的研究生课程。这些领域的知识让我明确了一点：在大脑和身体内确实有什么过程发生了，而这个过程是可以被我们列为关注的焦点，然后复制出来的。在本书中，我想与大家分享在这一路追寻的过程中得到的收获，同时，通过探索意识与物质之间的关系，向大家展示如何将这些原则应用于身体以及生活中的方方面面。

不只要了解，还要懂得怎么做

很多读者在读完我的第一本书《进化你的大脑：改变意识的科学》后，都坦率真诚地提出了相同的要求（同时也给予了大量积极肯定的反馈），例如，有个人写道："我真的很喜欢你的书，一口气读了两遍。书中囊括了大量科学知识，非常全面彻底，也非常发人深省，但是，能不能告诉我具体该怎么做呢？怎样才能进化我的大脑？"

作为对这些要求的回应，我开始举办系列工作坊，专门传授一些练习方法，让每个人都可以利用这些方法来实现意识和身体的改变，并且让这些改变产生持续性的效果。我见过一些这样的人：他们的康复经历虽然无法用语言来解释，但他们确实摆脱了精神与情感上的旧日创伤，解决了所谓的"不可能解决的困难"，创造了新的机会，拥有了了不起的财富，而这些不过是其中数例而已。（你将在文中了解到他们。）

你并不是一定要阅读我的第一本书才能消化这本书的内容。不过，如果你对我以前的工作有所了解，就会发现，这本书是前一本书的姊妹篇，是一本实用指南。让这本书简单易懂是我最热切的目标。不过，为了引出想介绍的概念，我将不得不提及一些基础知识，让它们打头阵。这样做的目的是建立一个用于自我改变的现实工作模型，帮助大家理解到底如何改变。

通过揭示那些神秘的事物，让每个人都明白，我们拥有让生活发生重大改变的一切能力，且这种能力其实唾手可得——这是我的梦想之一，而这本书就是这一梦想的产物。这是一个我们不仅想"知道"，更想"知道如何做"的时代。我们要"如何"才能将新兴的科学概念和古老的智慧应用到个人生活中，让我们的人生更加丰富多彩呢？当我们能够将有关现实本质的科学发现中的每一个点联系起来，当我们允许自己将这些原理应用于日常生活，每个人在自己的人生中都可以既是神秘主义者，又是科学家。

所以，我邀请你用从本书学到的知识做一个实验，并且客观地观察最后的结果。我的意思是，如果你努力去改变充满各种意念与感受的内在世界，你的外在环境就会开始向你提供反馈，让你看到自己的意识对"外在"世界形成的影响。这个理由难道还不足以让你行动起来吗？

如果你把所有学到的知识视为一种哲学，并用足够的时间来应用这些知识，直到完全掌握，以这样的方式接纳它们进入你的生活，你就会经历"哲学家—新手—大师"这样的转变历程。耐心等待吧，有充分的科学证据证明这是完全可行的。

我确实想预先向大家提出一个请求——请保持开放的心态，这样大家才能一步步形成我在这本书里提出的概念。所有的信息都是供你利用的——否则这本书的内容也不过就是一个稍微有点意思的餐桌谈话而已，不是吗？一旦你能对万物的真相持开放的心态，摒弃那些已经条件化的、你习惯用来构建现实的信念，你就会看到自己努力的结果。这就是我对你们的期望。

这本书里的信息存在的目的，就是为了激励你去证明自己是个有力的创造者。

我们不应该等着科学允许我们去做那些不寻常的事情，因为这意味着把科学变成了另一种宗教。我们应该鼓起勇气去给予生活更多的思考，去做那些曾被认为是"离经叛道"的事情，而且要反复为之。这样做的时候，我们就是在朝着更高层次的个人力量前进。

当我们开始深入地审视自己的各种信念，我们就赋予了自己真正的力量。这些信念受到宗教、文化、社会、教育、家庭、媒体甚至基因（通过当前生活中的感官体验和数不清多少代的遗传，基因在我们身上形成了深深的烙印）的深刻影响。然后，我们会把那些老观念和新范式放在一起比较、权衡，判断哪一种对我们更有利。

时代在变化，个体正在觉醒，正在意识到一个更宏伟的现实的存在，而我们只是这一场巨变中的小小组成部分。当前的现实系统和模型正在分崩离析，是那些全新的东西浮出水面的时候了。政治、经济、宗教、科学、教育、医学模式及人与环境的关系全面呈现出与十年前完全不同的模样。

辞旧迎新听起来很容易，但是，正如我在《进化你的大脑》一书中指出的，过往的知识和经验已经被纳入我们的生物性"自我"，就像外衣一样，被我们穿在身上。不过我们也知道，有些东西今天是真理，明天却未必。正如我们渐渐开始质疑"原子是固体物质"这个认知一样，现实以及我们与现实的互动也是观念与信仰逐步发展的过程。

我们同样知道，离开已经习惯的熟悉生活走向新鲜事物，感觉就像一条逆流而上的鲑鱼——需要付出极大的努力，而且，坦白说，会让人很不舒服。最糟糕的是，那些紧紧抓住已知观念不放的人会在我们前进的路上不断用嘲讽、排斥、反对以及诋毁向我们"致意"。

谁有这种反传统的决心，愿意为了那些不能用感官去触摸却在精神世界中鲜活存在的理念，勇敢地逆流而上？在历史上有多少次，那些被视为异端和傻瓜的个体，承受着来自普通人的辱骂，最终被证明是天才、圣人或者大师？

你，敢做第一个吃螃蟹的人吗？

让改变成为主动的选择，而不是被动的反应

人的本性似乎就是如此：我们在改变面前畏缩不前，直到事态确实变得严重，严重到让我们极度不适，不适到再也无法按照常规方式行事的地步。个体如此，社会也同样如此。我们不思改变，直到危机、创伤、丧失、疾病和悲剧降临，才开始认真地考虑自己是谁、在干什么、是如何生活的、有什么感受、相信或者知道什么，然后才开始着手进行真正的改变。往往在面临最糟糕的境遇时，我们才开始寻求那些能支持我们健康、关系、职业、家庭以及未来的改变。我想说的是：为什么要等呢？

我们可以在痛苦的折磨中学到教训，被迫改变；也可以在快乐与鼓舞之下，主动追求改变。大部分人选择了前者。如果选择后者，我们就必须下定决心，明白改变可能包括轻微的不适和某些不便，会打破那些我们原本可以预测的常规生活，会经历一段一无所知的时期。

想必大部分人都已经很熟悉那种因暂时一无所知而产生的不适感。学习某项技能的时候，我们最初的努力总是磕磕绊绊，直到这项技能成为第二天性。开始学拉小提琴或打架子鼓时，父母总是恨不得将我们塞进一间隔音效果超好的房间。被医学院练手的学生抽血的病人很倒霉很可怜，因为这些学生们虽然已经拥有了必需的知识，却还不具备那些只能通过实践才能掌握的技巧。

吸收知识（知道），然后应用这些知识以获得实践经验，直到某个特定技能成为你身上根深蒂固的东西（知道如何做）。绝大多数让你感觉已如同自身一部分的能力（通晓），大概都是通过这种方式获得的。学习如何改变生活的过程也大致与此相同，也包括吸收知识和应用知识。这就是本书分成三大部分的原因。

在第一部分和第二部分中，我会逐一提出各种观点，并建立一个更庞大、更广泛的理解模式，让你一点点把它们变成自己的东西。如果有些观点看上去是重复的，那是为了"提醒"你记起一些我不想让你忘记的东西。重复能强化你大脑中的神经回路，并建立更多的神经连接，这样的话，即使在你最软弱的时候，也不会怂恿自己去做不好的事。当慢慢进入到本书的第三部分时，你已经具备了良好的知识基础，可以自行体验前面学到的那些"真理"了。

第一部分：你身上的科学

我们的探索之旅，将从概览那些与现实本质的最新研究相关的哲学与科学范式开始——你是谁，为什么这么多人改变起来如此之难，作为人类你拥有哪些可能。第一部分读起来会很轻松，我保证。

第一章"量子状态的你"将向你介绍一点点量子物理的知识，不过，用不着感到惊慌。我选择从这里开始，是因为想让你学着接受这样的理论：你的（主观）意识会影响到你的（客观）世界。该理论对本书的阅读至关重要。量子物理中的"观察者效应"提出，你的注意力指向哪里，你的能量就被放到哪里。结果,"你"影响了物质世界(顺便说一下,物质世界大部分是由能量构成的)。如果你心里存在着这个念头,哪怕就一会儿,你可能就会开始专注于那些你想要的东西,而不是那些你不想要的。你甚至可能会想:如果一个原子有 99.99999% 是能量状态,只有 0.00001% 是实物形态,那实际上绝大部分的我是处于一种虚无状态!既然如此,我为什么要一直把注意力放在只占那么一点点百分比的物质世界呢?我已经习惯用从感官处获得的认知来定义现实世界,这是否就是我最大的局限呢?

从**第二章**到**第四章**,我们将讨论改变意味着什么——改变就是战胜环境、身体和时间。

在**第二章"战胜环境"**中我会提到,如果你容许外在世界来控制你的思维和感受,外在环境就会在你的大脑中形成模式化的神经回路,让你的所思所想"等同于"周围熟悉的一切。结果,你只能创造出更多一模一样的东西。你固化了自己的大脑,让它只能反映现实生活中存在的问题、个人条件以及周遭环境。所以,想要改变,你就必须超越现实生活中的一切具体事物。

第三章"战胜身体" 继续探索我们是如何在无意识状态下,依靠记忆中的行为、意念和情感反应模式生活的,一切都像计算机程序一样,在我们的意识觉察不到的后台有条不紊地运行。这就是为什么光"积极思考"是不够的,因为绝大多数消极的自我可能正以潜意识的方式蛰伏在我们体内。在本书末尾,你将知道如何进入潜意识的操作系统,找到那些消极程序存在的地方,进行永久性地改变。

　　第四章"战胜时间" 探讨为什么我们不是活在对未来事件的预期中，就是活在对过往记忆的反复追溯中（或者两者兼有），直到让身体开始相信我们并不是活在当下，而是存在于另一个时间里。有一种观点认为，我们天生具备仅凭意念就可能改变大脑和身体的能力。所以，当你思考未来的时候，在生物学上就如同未来的某个事件已经发生了一样。当你学会了如何利用自己的注意力，懂得如何进入当下的时间，你就会穿过那道通往量子世界的大门——那里存在着一切可能。

　　第五章"生存 vs. 创造" 阐述了为生存而活与为创造而活之间的区别。为生存而活的人是物质主义者，相信外在世界比内在世界更真实，这种信念导致他们总是生活在压力与忙碌中。如果一味服从神经系统的"战或逃的反应"发令枪，任由那杯由各种令人兴奋的化学物质调制的"鸡尾酒"操控，你就被设定了程序，只会关心自己的身体、周围环境中的人和事并执着于时间。你的大脑和身体是失衡的。你过着一种毫无惊喜与悬念的平庸生活。但是，当你真正处于创造性生活的那种优雅迷人的状态时，你将全然地忘记自己，你将挣脱身份的束缚——所谓身份就是依靠外部现实确认你是谁。

第二部分：大脑与冥想

　　第六章"三个大脑：思考、行动、存在" 你将接触的概念是：人有三个"大脑"，能够让你从思考前进到行动再到存在。更妙的是，当你集中注意力将环境、身体以及时间排除在外时，你就可以轻松地从思考直接过渡到存在，不再需要采取任何行动。在那种意识状态下，你的大脑无法分辨哪些发生在外部现实，哪些发生在你的内在世界。因此，如果你能用意念对一种想要的经历进行心理演练，就会在那种经历真实发生前体验到该事件引发的情绪。此时，你会逐渐进入一种新的存在状态，因为你的意识与身体正合二为一。当你感觉未来可能出现的某个现实正在你专注于它的那一刻发生了，就是在改写那些已经形成自动化模式的习惯、态度和其他你不想要的潜意识程序。

第七章"鸿沟" 探索如何摆脱存储在记忆中的情绪——它们已经变成了你人格的一部分——以及如何填平内在私密世界中那个"内在自我"和外在社交世界中那个"外在自我"之间的鸿沟。当我们从学习中认识到，外界没有任何东西能够带走那些过往的情绪时，我们就达到了特定的境界。如果你能预测人生每一段经历将引发的情绪，也就意味着生活中不会再有任何新东西出现了，因为你是从过去的角度——而不是从未来——去看自己的人生。这是一个关键的转折点，它决定了你的灵魂是自由飞扬还是湮没无闻。你将学会如何用情绪来释放你的能量，以此来缩小"外在自我"和"内在自我"之间的鸿沟。最终你将打破所有阻碍，让一切变得通透。当"外在自我"就是"内在自我"时，你就真正自由了。

第八章"冥想：揭示神秘的未来波" 此为最终章。在这一章里，我的目标就是揭开冥想的秘密，让你知道自己在做什么、为什么要这么做。简单说吧，在讨论脑电波技术时，我会把处于专注状态的你，与在面对应激源时处于唤醒状态的你进行比较，向大家展示大脑是如何进行电磁改变的。你会明白冥想的真正目的是越过分析性思维，直接进入潜意识层面，让你获得真正的、永久的改变。当你结束冥想站起身时，如果和刚才坐下时的你还是同一个人，那么任何层面的改变都没发生。当你进入冥想状态，就可以在意念与感受之间创造并保持高度相关性——在这种状态下，外在现实中没有任何东西（任何事物、任何人、任何条件、任何时间或地点）能够夺走你此时达到的能量水平。在这样的时刻，你就完全掌控了自己的环境、身体与时间。

第三部分：迈向新的命运

我之所以在第一部分和第二部分中提供这些信息，是为了让你掌握必要的知识，这样的话，当你在解释"如何做"的第三部分中提取（应用）这些信息时，就对我传授给你的东西有了直接的经验。整个第三部分都与如何让自己专心于眼前的功课——日常生活中的正念练习——有关。这是一个逐步推进的冥想过程，其目的就是让你学会将我提供的这些理论应用于实践。

顺便问问大家，当我提及这个有多个步骤的冥想过程时，你是否感到畏怯？如果是的话，我可以告诉大家，其实这个过程并非你想象中那么难。不错，你将要学习的冥想看起来包括一系列的步骤，但很快你就会体验到，它们其实只是简单的一步或者两步。说实在的，你每次准备开车的时候，可能都必须完成多种行为（比如，你要调整座椅，系上安全带，检查后视镜，发动汽车，打开车灯，左顾右盼，使用转向灯，踩刹车，挂前进挡或倒挡，踩油门，等等）。但从你学会驾驶的那天开始，你已经能够将整个过程轻松、自动地一气呵成。我向你保证，一旦你学会了我在第三部分中列出的步骤，情况也是一样的。

你可能会问自己：为什么要阅读第一部分和第二部分呢？我可以直接跳到第三部分呀。我明白你的想法，如果是我，可能也会这么想。那我为什么会在前面两个部分提供那些相关的知识呢？因为我希望在你阅读第三部分时，不会再有什么地方需要去猜测臆断或胡思乱想。当你开始冥想时，你会确切地知道自己在做什么、为什么要这样做。当你领悟了"什么"和"为什么"之后，你就会"知道"得更多，也会知道在恰当的时候该"如何做"。当你有了真正改变意识的实践经验后，你便会随之拥有更多属于自己的力量和意愿。

通过对第三部分所述方法的应用，你可能会更乐意接受这个观点：每个人天生就具备改变生活中那些所谓"无法改变"的状况的能力。你甚至可能会纵容自己去尽情想象各种可能的现实，这些现实是你在接触如此新概念之前从未考虑过的——或许你会从此开始不走寻常路！这也是我希望你在读完这本书时实现的目标。

所以，如果你能抵挡住直接跳到第三部分的诱惑，我保证，当你最终读到这部分内容时，你一定会发现，前面学到的东西给了你巨大的力量。我在全世界范围内举办了三个系列工作坊，在这些工作坊中，我亲眼目睹了本书所述方法所起的作用。在你拥有了正确的知识后，如果能够全面、彻底地了解这些知识，并且有机会在有效的指导下学以致用，那么你就会看到自己努力的成果——人生的各种改变，这是生活对你努力的回馈。

在第三部分，我会向大家提供一些冥想技巧，这些技巧可以让你的意识和身体发生某些改变，也可以对你的外部世界产生影响。一旦你认识到，自己在内部世界所做出的努力，在外部世界产生了结果，你就会重复这个过程。所以，当生活中出现某种新的经历（你内在努力的结果），你就会从这种经历引发的高昂情绪——例如强大感、敬畏感或者强烈的感激之情——中感受到能量的存在。这种能量将会驱使着你一遍遍重复同样的过程。现在，你已经走在通往真正进化的道路上了。

第三部分中描述的每一个冥想步骤，都与前面两个部分中某个有意义的信息有关。通过对本书第一部分、第二部分的学习，你应该已经对冥想过程中每个行为背后的意义都仔细琢磨过了，所以第三部分应该不会再有什么让你感到迷茫的地方了。

正如你学过的很多技巧一样，在刚开始学习如何通过冥想来进化自己的大脑时，你可能需要动用整个意识层面的力量，才能让自己保持专注。在这个过程中，你必须克制自己，不要去做一些习惯性的动作，专注于正在做的事情，不要因为任何外在刺激分神，这样才能让你的行为和意识保持一致。

正如你在刚开始学习做泰国菜、打高尔夫、跳萨尔萨舞或驾驶手动挡汽车时的体会一样，因为是全新的尝试，所以你必须不断地实践，反复训练自己的意识和身体，将每一个步骤铭刻在心。

记住，大多数的指导都被设计成容易消化的小模块，这样意识和身体可以在一开始就保持合作。一旦你"掌握了"，所有步骤就会逐渐融合为一个平稳流畅、一气呵成的过程。原本条理分明的线性方法最终将天衣无缝地汇聚成一个流畅的整体。此时才是这项技巧真正属于你的时候。有时候，这个过程会显得异常地冗长乏味，但是，只要你怀着坚定的决心，投入一定的精力，坚持不懈地努力，就一定会在时机成熟时享受到胜利的果实。

当你"知道"该"如何"去做某件事情时，你就正在逐渐掌握其中的技巧。我很高兴地告诉大家，全世界已经有很多人利用本书提到的知识在生活中实现了显而易见的改变。我希望你也和他们一样，打破你的习惯性"存在"，创造一个你真正想要的人生。这是我最真诚的梦想。

让我们开始吧……

CONTENTS
目录

PART 1
第一部分

你身上的科学

第一部分

学前儿童卫生

CHAPTER ONE

第一章

量子状态的你

　　早期的物理学家们将世界分为物质与精神两大部分，后来又分为物质与能量。而不管是前者还是后者，其中的两部分都被认为是完全独立于彼此的……虽然事实并非如此！然而，这种精神／物质二元论形成了人类早期的世界观——即现实基本上是早已确定的，人们能用自己的行为来改变的东西委实少得可怜。

　　过去的理念我们不再赘述，还是快进到对当前理念的理解上来吧——我们是一个巨大的、无形的能量场的一部分，这个能量场中包含着所有可能的现实，并且能够回应我们的意念和感受。就像今天的科学家们正致力于探索意识与物质的关系一样，我们也渴望在生活中做同样的事情。所以，我们会这样问自己：我可以用自己的意识来创造属于自己的现实吗？如果答案是肯定的，那这是否是一种我们可以学习的技巧，我们是否可以借助它来变成自己想要的样子，创造自己想要的生活呢？

　　让我们面对这样的事实：每个人都不完美。不管想改变的是生理自我、情绪自我还是精神自我，我们都怀着同样的希望：让生活变成最理想的版本——变成那个我们希望成为、也相信能够成为的自己。当我们站在镜子前面，看着腰间的赘肉时，我们看到的不只是里面那个有点过于肥胖的形象。根据每一天心情的不同，镜子里的形象在我们眼中也会有不同的版本，某一天的自己可能看起来更健美，而另一天的自己可能看起来更肥胖。那么，哪一个形象才是真实的呢？

　　当我们夜晚躺在床上回顾过去的这一天，问自己有没有努力去做一个宽容、冷静的人时，脑海中闪现的形象，肯定不只是那个因为孩子哭闹而狠狠批评他，但随即又迅速满足他的要求的父亲或母亲。我们想象中的自我形象可能是像绞刑架上的圣徒那样，有着无限的耐心；也有可能像邪恶的魔鬼那样，肆意伤害孩子的自尊。那么，哪一个形象是真实的呢？

　　答案是：它们都是真实的——不只是这些极端的形象，还包括处于正面到负面两个极端之间的无限个形象。怎么会这样呢？为了帮助你更好地理解为什么这些自我全都是真实的，我不得不将你对现实本质的过时理解统统打碎，代之以全新的认知。

　　这听起来像是一项宏伟大业，在某些方面也的确如此。不过我还知道，你之所以会被这本书吸引，最可能的原因就是，你过去为了让生活——在生理、情绪或精神方面——发生持久改变所做的努力并没有达到理想效果。为什么这些努力失败了呢？其中最关键的原因是你的信念，即生活为什么是这个样子的，其他的只是细枝末节，包括你自认为在意志、时间、勇气或想象力等方面的不足。

为了改变，我们必须逐渐对自我、对这个世界有着全新的理解，这样才能接纳新的知识，产生新的体验。这一点永远不会改变。

而这，就是这本书将帮助你做到的。

如果对过往的那些不足追根溯源，你就会发现，罪魁祸首是自己的一个严重失察：你没有认真地按照一个真理去生活，这个真理就是，你的意念有强大的影响力，它能够对你的现实改变产生切实影响。

事实上，我们所有人都是可以被幸运眷顾的，所有人都能从建设性的努力中获益。我们没有必要安于眼前的现实，因为我们可以创造出新的生活，无论何时，只要选择去做。我们都具备那样的能力，因为，好也罢，坏也罢，意念都在影响着我们的生活。

我敢肯定，上面的这些话你们一定听过，但是我怀疑大部分人是否真的由衷地相信这些话。如果真的对"意念能够对生活产生切实影响"这个观念深信不疑，我们不是应该竭尽全力不让任何一个不想要的念头掠过脑海吗？不是应该将所有注意力锁定在那些我们想要的结果上，而不是一味执着于那些不想要的东西吗？

思考一下：如果你真的知道这个原理是正确的，你会愿意浪费任何一天的时光，而不去用心创造自己想要的现实改变吗？

要改变人生，先改变你对现实本质的看法

我希望，这本书能够说服你相信，你远比自己所知的更强大；

鼓励你去证明，你的想法和信念对自己的世界有着深远的影响。

在你彻底改变对当前现实的看法之前，生活中发生的任何改变都是偶然且短暂的。想产生持久的、期望中的结果，你必须全面检查一下自己对事物发生的原因所做的思考。为此，你一定要有开放的心态，接受对何为真实、何为正确的全新解读。

为了帮助你转换到上面提到的思维模式，并开始创造自己想要的生活，我必须先介绍一点点宇宙学（对宇宙结构与动力的研究）方面的知识。但是，不要惊慌，我们只是快速浏览一下"现实本质 101 问"，大致了解一下我们对宇宙的看法是如何演变的。这样做是为了解释（很有必要，用快速简单的方式）为什么用你的意念来塑造你的生活是可行的。

这一章对你来说可能是个考验，看看你是否甘愿抛弃那些旧观念——它们就像被预先设置好的程序一样，多年以来一直存在于你的意识和潜意识中。当获得了与构成现实的基本动力和元素有关的新概念时，你会发现，自己无法在旧的认知结构中找一个合适的位置来安放这个新的概念，因为在旧的认知中，线性和有序就是法则。做好准备，迎接一些基本理念的改变吧。

事实上，当你开始接纳这个新观念时，那些让你成为一个"人"的特有组成部分将会发生改变。你和原来的你已经不再是同一个人了——这也是我的希望。

显然，我将挑战你的认知，但我希望你明白，对此我完全能够感同身受，因为我和你一样，必须放弃那些曾经以为的真理、义无反顾地一头扎进未知的世界。为了逐渐形成对世界本质的全新思考，让我们先来看一看，早期精神与物质各自独立的观念是如何塑造了人类的世界观。

永远是物质，从无精神吗
永远是精神，从无物质吗

对科学家和哲学家而言，如何将存在于可观察的外部物质世界中的点，与属于意识的内在精神世界中的点用一条线连接起来，一直是个相当大的挑战。即便到了今天，我们很多人依然认为，精神似乎对物质世界没有什么影响，即便有也微不足道。虽然我们可能会同意物质世界能创造一些足以影响精神的结果，但精神怎么可能产生任何足以影响生活中固态物体的物理改变呢？精神和物质似乎是各自独立的……换言之，除非我们改变对物质实际存在方式的理解，否则就无法产生观念上的改变。

事实上，这样的改变确实发生过，而且距今并不遥远。在被历史学家们定义为"近现代"的一段很长的时间里，人类坚信宇宙的本质是有序的，因而是可预测、可解释的。我们不妨回想一下 17 世纪的数学家和哲学家勒内·笛卡尔，他提出的很多概念迄今依然与数学及其他领域密切相关（想起"我思故我在"了吗），不过，回顾起来，他有一个理论最后所起的作用是弊大于利的。笛卡尔是"宇宙机械模型"的忠实拥趸，持这种观点的人认为，宇宙是受各种可预测的法则支配的。

当涉及人类意念时，笛卡尔遇到了真正的挑战——人类的心灵有太多的变化，没有任何法则能干脆利落地加以解释。因为他无法将自己对物质世界的理解与对精神世界（mind）的理解统一起来，但又必须解释两者共同的存在，所以笛卡尔玩了一个漂亮的思维（mind）游戏（好吧，我是故意用这样的双关语）。他说，由于精神世界不服从任何物质世界的法则，所以它彻底地游离于科学探索所能企及的范围之外。对物质的研究是科学的管辖范围（永远是物质，没有精神），而精神则是上帝的工具，所以对精神世界的研究是宗教的管辖范围（永远是精神，没有物质）。

从本质上说，笛卡尔创建了一个信仰体系，在物质与精神的概念中强行加入了一个二元论。数个世纪以来，这种二分法成为人们对现实本质的一种公认的理解，一直屹立不倒。

帮助笛卡尔的信念长存的是艾萨克·牛顿爵士的各种实验和理论。这位英国数学家和科学家不但让"宇宙如一台机器"的概念得到强化，还炮制了一系列的法则，声称人类能够精确地决定、计算并预测让物质世界有序运行的方式。牛顿版原子模型如图 1A 所示。

经典原子模型

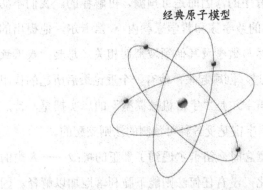

图 1A "老派"经典牛顿版原子模型

根据"经典"的牛顿物理模型，所有的一切都被认为是固体。例如，能量可以解释为一种能够移动物体或改变物质的物理状态的力。但是，正如你将会看到的，能量远远不止是一种作用于物体的外力。能量是一种所有实质物体都拥有的组织成分，并且能够对我们的精神世界予以回应。

引申开来，笛卡尔和牛顿的贡献就是建立了一种思维定势——如果现实是按照机械原理运行的，那么，人类对最终的结果几乎产生不了什么影响。现实的一切都是早已注定的。鉴于这种观点，也难怪人类会抗拒"行动改变未来"这种说法，更别提欣赏"意念很重要"或者"自由意志事关大局"这样的概念了。我们当中不是还有很多人到今天依然（有意或者无意地）为"人类不过是牺牲品而已"这样的假设所苦吗？

考虑到这些被世人重视的信仰在数个世纪以来一直占有统治地位，要反驳笛卡尔和牛顿，就需要具有一定的创新思想。

爱因斯坦：不仅搅乱一池春水，还撼动了整个宇宙

牛顿出现约 200 年后，阿尔伯特·爱因斯坦推出了他的著名等式 $E=mc^2$，证明能量与物质有着密切的联系，或者说它们根本就是一回事。从本质上说，爱因斯坦的研究表明，物质与能量是完全可以互相转化的。这与牛顿和笛卡尔的观点有直接的矛盾，爱因斯坦的理论开启了世人对宇宙如何运转的全新认识。

爱因斯坦并没有仅凭一己之力就将人们此前对现实本质的看法打得粉碎，但他的确动摇了其根基，并最终导致了一些狭隘、僵化思想的崩溃。他的理论引发了人们对光的一些令人费解的现象的探索。然后，科学家们观察到，光有时候表现得像

波（例如，在拐角处弯曲的时候），有时候又表现得像粒子。光怎么可能既是波又是粒子呢？根据笛卡尔和牛顿的观点，这是不可能的——因为一种现象必须非此即彼。

很快，人们就清楚地看到了笛卡尔和牛顿的二元化模型在万物最基本层面上所存在的缺陷——亚原子。（亚原子指组成原子的电子、质子、中子等，而原子是所有实体物质的基本成分。）我们所谓的物质世界最基本的成分既有波（能量）又有粒子（物质），具体是哪种形式取决于观察者的意识（我们会在后面谈到）。为了理解这个世界的运作方式，我们必须去留意它最微小的组成部分。

如此一来，从这些特殊的实验中就诞生了一个全新的科学领域——量子物理学。

我们脚下的坚实大地其实并不那么坚实

对这个我们自认为置身其中的世界而言，上面提到的改变无疑是一次彻底的重塑，它抽走了我们脚下那张已经习以为常的地毯——可是我们一直认为自己脚下踩的是坚实的大地！为什么会这样呢？我们不妨回想一下那种老式的、用牙签和泡沫塑料球拼成的原子模型。在量子物理学问世之前，人们认为原子的组成部分包括一个相对坚固的原子核和其他一些较小的、不那么结实的物质，这些物质存在于原子核的内部或周围。人们还认为，只要有一个足够强大的工具，我们就能对组成原子的亚原子粒子进行测量（质量）和计算（数量）。按照这种观点，那些亚原子粒子就像一群在草地上吃草的母牛一样懒洋洋地不爱动弹。听起来，似乎原子是由固体物质组成的，可事实果真如此吗？

没有什么比量子模型所揭示的事实更接近真相的了。原子内部的绝大部分是空荡荡的；原子是能量。不妨这样设想一下：在你的生活中，所有的物质都不是坚实的固体，全部是能量场或者信息的频率模式。所有的物质与其说"确有其物"（粒子），不如说"空无一物"（能量）。如图 1B、图 1C 所示。

量子原子模型

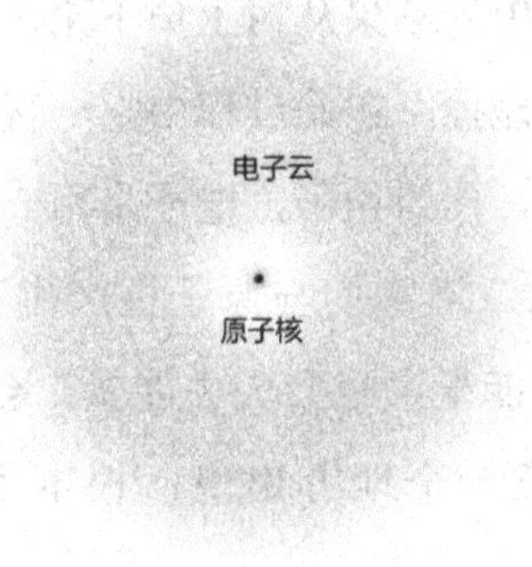

电子云

原子核

图 1B "新派"量子物理版带电子云的原子模型。在一个原子中，99.99999% 是能量，仅有 0.00001% 是物质。就其实质而言，原子就是一片虚无。

量子世界中真实的原子

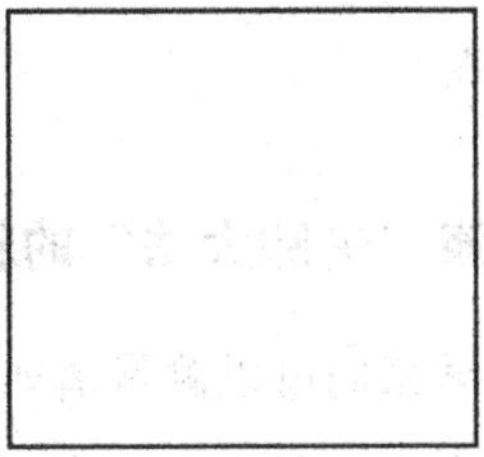

图 1C 这是所有原子最真实的模型。真实的原子实质上是"虚无的"，但拥有一切可能。

另一个谜：亚原子粒子和遵循不同规则的较大物体

但是，这些并不足以解释现实的本质。爱因斯坦等人还有另外一个谜要解开——物质的活动方式似乎并不是千篇一律的。当物理学家开始观察并测量微观原子世界时，他们注意到，在亚原子层面，原子的基本成分并不受那些较大物体所遵循的经典物理法则约束。

在宏观世界中，所有的活动都是可预测、可复制并具有恒定性的。那个传说中的苹果从树上掉下来，朝着地心移动，直到与牛顿的头发生碰撞，在此过程中它一直在恒定的力的作用下不断加速。但是，作为粒子，电子是用一种不可预测、不同寻常的方式活动的。当它们与原子核产生互动并朝着核心移动时，它们会得到能量，也会失去能量；会出现，也会消失。它们似乎能在任意一个地方出现，根本不受时间与空间的限制。

微观世界与宏观世界是否遵循着完全不同的运行规则呢？既然像电子这样的亚原子粒子是组成自然万物的基本成分，那怎么可能它们本身受一套规则的支配，而它们所组成的物体却遵循着另外一套规则呢？

从物质到能量：上演"失踪大法"的粒子

在电子层面，科学家们可以测量诸如波长、电压、电位等与能量相关的特性，但是，这些粒子的质量是如此微乎其微，其存在又是如此短暂无常，几乎可以说并不存在。

　　正是这一点让亚原子世界显得如此独特。它不仅拥有物理特性，还拥有能量特性。事实上，在亚原子层面，物质的存在只是一种瞬间发生的现象。它神出鬼没，时隐时现，在三维空间中出现，消失在一片虚无（没有空间与时间的量子场）之中，从粒子（物质）变成波（能量），反之亦然。但是，当粒子凭空消失时，它们去了哪里？如图 1D 所示。

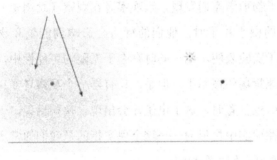

图 1D　电子会在某一刻以概率波的形式存在，在下一刻以固体粒子的形式出现，然后消失在虚空中，接下来又在另一个地方再现。

创造现实：能量对专注的回应

让我们再回顾一下那个老式的、用牙签和泡沫塑料球拼成的模型所描述的原子组成形式。在那个时期，难道我们不是在其引导之下深信不疑地认为，电子是围绕着原子核转动的，就像行星围绕着太阳运行一样吗？如果真是如此，那我们就应该能够确定这些电子的位置，不是吗？在某种意义上，答案是肯定的，但其原因却完全不是我们曾经以为的那样。

量子物理学家们发现，当观察者在观察（或测量）那些组成原子的微小粒子时，他们的行为会影响到能量和物质的活动。量子实验表明，电子同时存在于无限的可能性中，或存在于无形能量场的概率中。但是，只有当一个观察者专注于某个电子的所处位置时，这个电子才会出现。换句话说，一个粒子是不能在现实中显形的——这个现实指的是我们通常所知的时空——直到我们去观察它。

量子物理学家将这种现象称为"波函数坍缩"或"观察者效应"。我们现在知道，当观察者专注寻找某个电子的那一刻，在时间和空间中就会存在着一个特定的点，此时这个电子的所有概率会坍缩成一个物理事件。有了这个发现后，意识和物质就不能再被视为彼此独立的两种东西了，它们具有本质上的联系，因为主观意识会对客观物质世界产生可量化的改变。

现在你已经开始明白为什么这一章会题为"量子状态的你"了吧？在亚原子层面，能量会对你的专注产生反应，并转变为物质。如果你学会了如何引导观察者效应、如何将无限的概率波坍缩到你所选择的现实中，你的人生将会发生怎样的变化？当你用心去观察自己想要的生活时，你的人生能否变得更好？

等待观察者的是具有无限可能的现实

那么，让我们来思考一下：在这个物质世界中，所有的一切都是由电子这样的亚原子粒子构成的。由于其本身的性质，这些粒子在以纯粹的潜在状态存在时，是处于"波"的形式，此时它们是无法被观察到的。在被观察之前，它们是潜在的"万物"和"无物"；它们"无处不在"也"无迹可寻"。因而，在我们的物质世界中，所有的一切也都是以纯粹的潜在状态存在的。

如果亚原子粒子可以同时存在于无数个可能的地方，我们就可能坍缩进无数个可能的现实世界中。换句话说，如果你能够以任何一个个人愿望为基础，想象出一个未来可能发生的生活事件，那么，这个想象中的现实已经作为一种可能性存在于量子场中，等待着被你观察到。如果你的意识可以影响到一个电子的出现与否，理论上也可以影响到"任何"一种可能性的出现。

这就意味着，在量子场中存在着这样一个现实：你健康、富有、快乐，拥有你心目中那个理想自我所具备的一切特质和能力。紧跟我的步伐，你将会看到，只要你专注、留心，认真将新知识付诸实践，并且每天不间断地努力，就能够像前面提到的观察者那样，利用你的意识，让量子粒子发生坍缩，并组织起大量的亚原子概率波，形成一个你想要的、被称为"人生新体验"的物理事件。

如果所有的物质都是由能量构成的，那么意识（即这种情况下的所谓"精神"，如同牛顿和笛卡尔所赋予的称呼）和能量（即"物质"，按照量子模型的说法）具有如此合二为一的紧密联系就说得通了。精神与物质是完全缠绕在一起的。你的意识（精神）之所以会对能量（物质）产生影响，是因为你的意识即是能量，而能量具有意识。你强大到足以影响物质，因为在最基本的层面，你就是具有意识的能量体。

在量子模型中，物质世界是一个无形的、关联的、一体的信息场，是潜在的万物，物理上却空无一物。量子世界就这样静静地等在那里，等待着一个有意识的观察者（你或者我）的出现。

要明白如何让某个结果出现或让生活发生某个改变，上述内容至关重要。当你学会了如何提高观察技巧，并有意识地利用这样的观察来影响自己的生活，你就可以顺利地将自己打造成那个"理想自我"，让人生变成理想中的版本。

在量子场中，我们与一切息息相关

和宇宙万物一样，从某种意义上说，我们在一个超越了时间和空间的维度上，与一个信息的海洋紧密相连。我们并不需要与量子场中的任何物理元素接触，甚至不需要接近，就足以影响它们或被它们影响。物体是各种能量和信息的组织形态，这些能量和信息与量子场中的一切是一体的。

和所有人一样，你在不断地发送独特的能量模式或信号。

事实上，所有物质都一直在发射着各种特殊的能量模式，这种能量携带着信息。你那起伏不定的心理状态有意或者无意地改变着你发送的信号，这种改变每时每刻都在发生，因为你不只是一个有形实体，你还是利用身体和大脑来表达不同心理层次的无形意识。

另外一种思考人类如何与量子场互相关联的方法就是借助量子纠缠（quantum entanglement）或量子非定域性（quantum nonlocal connection）的概念。从本质上说，如果两个粒子一开始就以某种方式连接在一起，它们就会一直保持这样的紧密连接，这种连接是超越时空限制的。结果，对其中任何一个粒子施加的影响也会作用于另一个粒子，即便它们在空间上已经被远远隔开。这就意味着，既然我们也是由粒子构成的，那我们所有人都超越时空地紧密联系在一起。我们对他人做了什么，也就对自己做了什么。

思考一下这个概念的含义。如果你能理解并接受这个概念，就一定会认同下面的说法：那个存在于可能未来的"你"，和此刻的"你"，已经在一个超越时空的维度上建立起了联系。请继续关注下面的内容……在这本书结束的时候，这种观念对你而言将再正常不过了！

意念与感受：向量子场发送电磁信号

既然宇宙中存在的所有可能性都是拥有电磁场且本质为能量的概率波，那么，我们的意念与感受当然也不例外。

我发现，把意念当作量子场中的电荷、把感受当作量子场中的磁荷来考虑是一种非常有效的模式。我们正在思考的意念会向场中发送电子信号；我们产生的感受拥有磁力，会将各种事件吸引到身边。在两者共同作用下，我们的所思所感形成了一种存在状态，这种状态会产生一种电磁信号，影响着我们所在世界中的每一个原子。这就促使我们思考一个问题：在日常生活中我们到底发送了（有意或者无意地）哪些信号？

所有潜在的经验都以电磁信号的形式存在于量子场中。已经有无数潜在的电磁信号——天赋、财富、自由、健康——以能量的某种频率模式存在着。如果你能以改变自身存在状态的方式创造出一个新的电磁场，让它与信息量子场中某种潜在的可能性匹配，那么，有没有可能你的身体会被某个事件吸引过去，或者某个事件会发现你？如图 1E 所示。

量子场中的电磁势

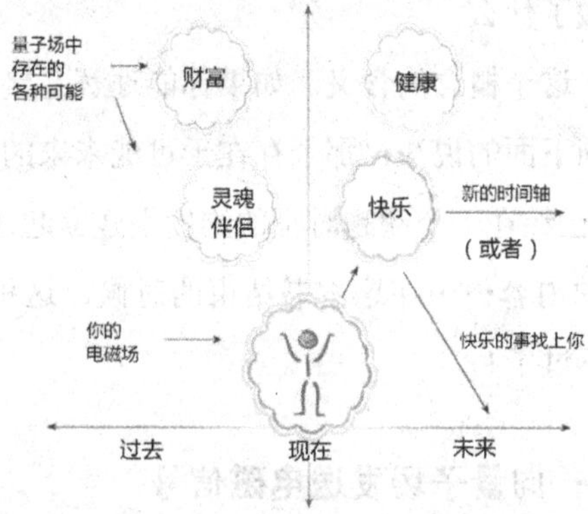

图 1E 所有潜在经验都存在于电磁场中，就像一片具有无限可能性的海洋，当你改变自己的电磁信号，使之与场中业已存在的某种信号相匹配时，你的身体就会受相应事件的吸引，随之进入一个新的时间轴，或者在一个新的现实中被相应事件找到。

体验改变，用新意识观察新结果

很简单，我们的日常惯例、熟悉的意念和感受一直存在于同一个存在状态中，而这个存在状态会一直产生同样的行为，创造同样的现实。所以，如果我们想改变现实的某些方面，就必须用新的方式思考、感受及行动，在面对各种体验时要产生不同的反应。我们必须"成为"不同的人，创造一个全新的意识状态……我们需要用新的意识来观察新的结果。

从量子角度看，作为观察者，我们必须创造出一种不同的存在状态，生成新的电磁信号。这样做的时候，我们会与场中某种仅以电磁势形式存在的潜在现实形成匹配。一旦我们的存在状态／发送的信号与场中电磁势之间的匹配形成了，我们就会被拉向那个潜在的现实，或者被那个潜在的现实找到。

我知道，当生活似乎没完没了地制造出一模一样的消极结果时，确实很让人灰心。但是，只要你一直是同一个人，只要你的电磁信号保持不变，就不要指望会有新的结果出现。改变人生就是改变你的思维——让你的意识和情绪产生根本的改变。

如果你想要一个新的结果，就必须打破自己习惯的存在状态，再造一个全新的自我。

改变需要一致性：让意识与感受同步

你的存在状态与激光的共同之处是什么？我将用两者之间的联系来阐释另一个你需要了解的东西——如果你想改变人生的话。

激光是信号具有高度相干性的例子。当物理学家讨论某种相干信号时，他们指的是一种由"同相位"波组成的信号，所谓"同相位"是指波的波谷（低点）和波峰（高点）是平行的。当这些波具有高度相干性的时候，它们具有更强大的力量。如图 1F 所示。

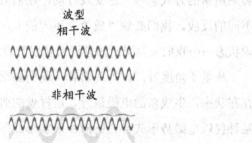

波型
相干波

非相干波

图 1F　同相位且有相同节奏的波，比处于不同相位的波更强大。

信号中的波要么同步，要么不同步；要么相干，要么不相干。我们的意念和感受同样如此。有多少次，当你试图创造某种东西时，脑子里想着可能会有最终成果，内心却觉得未必如此？当你发送出这种不相干 / 不同相位的信号时，结果是什么？为什么最终一无所获？

正如一个信号中的波在相干时会威力大增，当你的意念和感受同步时，结果也是如此。当你对自己的目标怀着明确、专注的意念，同时伴随着激情时，就会发出一种强烈的电磁信号，牵引你朝着那个与梦想相符的潜在现实前进。

如果你的意愿与欲望没有产生一致的结果，可能是因为你发送到场中的信息是不一致、混杂不清的。你可能想要财富，但如果在"想"着财富时，你"感受"到的却是贫穷，是不能将财富吸引过来的。为什么呢？因为意念是大脑的语言，感受是身体的语言。你想的是一套，感受的却是另外一套。当你的意识与身体背道而驰（反之亦然），量子场是不会用任何匹配的方式予以回应的。

相反，当意识与身体一起作用，当我们的意念与感受保持同步，当我们处于一种全新的存在状态时，就是在以无形电波的方式，向量子场发送相干的信号。

为何量子结果应该以令人惊喜的形式出现

现在，让我们补上另一块拼图吧。要改变现实，那些被吸引到我们身边的结果就必须以一种能够让我们感到惊喜，甚至惊吓的方式出现。我们应该永远无法预测新的创造物会如何出现，它们必须让我们感到猝不及防，把我们从早已习惯的日常现实中惊醒。它们的出现应该让我们深信不疑地认为，是自己的意识与智慧的量子场取得了联系，所以，我们会被激励着重复同样的行为。这就是创造过程带来的喜悦。

为什么量子结果应该是令人惊喜的？如果你能预测一个事件的发生，就毫无新意了——那会是常规的、机械的，是你已经经历了很多次的。如果你可以预测这个事件，那么，一成不变的你会制造出一成不变的结果。事实上，如果你试图控制一个结果的出现方式，就陷入了"牛顿模式"的窠臼。牛顿式（经典）物理就是关于如何预期并预测事件的，它完全围绕着因果关系展开。

在用于创造能力这方面时，"牛顿模式"意味着什么呢？意味着让外在环境控制你的内在环境（思想 / 感受）。那就是因与果。

相反，如果努力去改变你的内在环境——即你思考与感受的方式——然后看看外在环境在你的作用下会发生怎样的变化；如果努力去创造一种未知的、全新的未来体验，那么，当某个始料未及的事件如同恩赐一样出现在面前时，你会感到惊喜莫名。你成了一个量子创造者，从"因果"模式转变为直接"创造结果"的模式。

你只需对自己的梦想怀着明确的意愿，至于"如何"才能梦想成真，具体细节就留给那个难以预测的量子场去操心好了。让它去为你的生活精心策划一个事件，相信这个策划对你而言是最合适的。如果你期盼着什么，就期盼那些意想不到的东西吧。

对绝大部分人来说，这是需要克服的最大障碍，因为我们人类总是忍不住要用过去奏效的方式来再创预期的结果，企图以此控制未来。

量子创造：在奏效之前心怀感恩

我们刚刚讨论的，是让意念与感受同步以产生想要的结果……在这个过程中，一定不要去干涉梦想事件如何出现的细节。这是一个信念的飞跃，如果你想将单调乏味、一切可预期的生活换成一种充满全新体验和量子惊喜的愉悦生活，这样的飞跃是必需的。

不过，想让梦想成为现实，我们还需要完成另一个信念的飞跃。

通常你会在什么情况下感恩？你可能会回答说：我为拥有家人、美丽的居所、朋友和工作而感恩。这些让你感恩的东西有一个共同点，那就是它们"已经"存在于你的生活中了。

一般而言，我们会为某些已经在生活中发生或存在的事物感恩。我们已经如同条件反射一般地习惯于相信，快乐需要原因，感恩需要动机，相爱需要理由。这是依赖外在的现实来感受到内在的不同，属于牛顿模式。

新的现实模型向身为量子创造者的我们提出了挑战，要求我们在用感官体验到物理证据之前，先改变自己内在的某些东西——这种改变涉及意识与身体，意念与感受。

你能在某个梦想事件尚未发生之前，就付出感恩并感受到与这个事件相关的积极情绪吗？你能彻底进入对那种现实的想象中，以至于从现在就开始"身在"那种未来生活中吗？

在量子创造方面，你会对那些作为可能性存在于量子场中但还没有成为现实的东西感恩吗？如果会，你就已经从"因果"模式（等待某些外在的东西来引发你内在的改变）转变为"创造结果"模式（改变你内在的某些东西去创造某种外在的结果）了。

当你处于感恩状态时，你就向量子场中发送了某个事件"业已发生"的信号。感恩不只是一个理性思维过程。你必须产生"不管我想要什么，此刻都已经存在"的感受。如此一来，你的身体（只能理解感觉）就一定会确信某个属于未来的体验"此刻"正发生在你身上，并坚信自己已拥有与那种体验相匹配的情商。

发出的是什么，收回的就是什么

我们生活中发生的所有事件是怎样编排起来的呢？如果我们经历过痛苦，这种痛苦就会存留在意识与身体的深处，并通过意念与感受表达出来。当我们把这些充满负能量的信号发送到量子场，量子场就会在我们的生活中安排一个事件，该事件会完美复制与过往痛苦体验相同的理性与感性反应。这就是量子场对我们的回应。

当我们的意念发出信号（我很痛苦），我们的情绪（我很痛苦）就会将另一个与这种情绪在频率上相匹配的事件拉进我们的生活——也就是说，它为我们制造了一个能让我们感到痛苦的绝佳理由。从真正意义上说，我们一直在寻求宇宙智慧存在的证据，而它也始终在我们的外在环境中予以反馈。你看，我们的力量就是这么强大。

本书的核心问题就是：*为什么我们不发送一个能够产生积极结果的信号呢？我们应该做出怎样的改变，才能让发出的信号与我们盼望的生活相匹配？*当我们拥有坚定的信念，相信只要精心选择自己发出的意念/信号，就一定能够产生看得见的、意料之外的结果时，我们就发生了改变。

在量子场面前，我们不是因自己的罪（即我们的意念、感受与行为）而受到惩罚，而是被这些意念、感受与行为惩罚。当我们向场中发射出一个信号时，如果这个信号是建立在由过往的不快经历引发的意念与感受（例如痛苦）之上的，那么当量子场用同样充满负能量的方式予以回应时，又有什么可奇怪呢？

　　曾经有多少次，你说出了"简直难以置信……为什么这种事总是发生在我身上"之类的话？

　　基于你对现实本质的理解，回想一下那些你曾深信不疑的与"牛顿／笛卡尔模式"相关的说法，你现在是否理解到，在那种模式下，自己其实是因果论的受害者？你是否认识到，自己完全有能力创造出某个结果？你是否知道，其实完全不必用上述方式回应，只需要问问自己：我该以怎样不同的方式思考、感受和行动，才能得到想要的结果？

寻求量子反馈

　　当你确实在进行有目的的创造，并要求那个量子场给你一个信号，证明你的确已经与它建立了联系时，要敢于要求它与你具体想要的结果保持同步。唯有这样，你才有足够的勇气去搞清楚这个意识体是否真实存在，是否能够觉察到你的努力。一旦你确定并接受了这一点，就可以在充满喜悦与激励的状态中进行创造了。

　　这个原理要求我们放下那些自认为了解的东西，向未知臣服，然后仔细观察生活中那些以反馈形式出现的结果。那是我们所知的最佳方式。当发现一些积极的迹象（看到外在环境朝着有利的方向转变），我们就知道在内部所做的一切是正确的。自然而然地，我们会记住做过的事情，这样将来就可以重复为之。

　　所以，当反馈开始在生活中出现时，你可以像一个正奋斗在探索过程中的科学家那样行事。为什么不去监测每一个变化，看看宇宙是如何回报你的努力，并向自己证明你有多么强大呢？

量子物理就是"无感觉"

牛顿经典力学假定，有一个可预测、可重复的呈线性关系的相互作用一直存在着。但是，据我们所知，在量子现实模型的奇异世界里，一切都可以在一个高维信息场中互通，而这个信息场超越了时空的限制，整体缠绕在一起。多么神奇！

为什么量子物理如此晦涩艰深？原因之一就是，多年以来我们已经习惯了基于自己的感官知觉去思考。如果我们用感觉去衡量、确认现实，就陷入了牛顿范式。

相反，量子模型要求我们不要把对现实的理解建立在感官知觉的基础上（量子物理是"无感觉"的）。在借助量子模型创造未来现实的过程中，我们的感官应该最后一个去体验意识创造出来的东西。感官反馈是体验的最后环节，为什么？

量子是存在于人类感官知觉之外的多维现实，存在于一个无体（no body）、无物（no thing）、无时间（no time）的领域。因此，要进入那样的领域，在那样的范式中进行创造，你就得在一段时间内忘记自己的身体。你还必须把觉察力暂时从外在环境中移开——外在环境指的是生活中所有与你有关、被你认同的东西。你的配偶、子女、财产以及面临的问题都是身份的组成部分，通过它们，你认同了这个外在世界。最后，你必须彻底忘记线性时间。也就是说，在你有意识地去观察某种潜在未来体验的那一刻，必须完完全全地停留在当下，你的意识不再在对过往的回忆与对"一如既往"的将来的预期中摇摆。

　　为了影响你的现实（环境），疗愈你的身体，或者改变你未来（时间）的某个事件，你将不得不彻底放下你的外在世界（无物）、放弃你对自身肉体的觉知（无体）并失去对时间的概念（无时间）。这听起来是不是挺讽刺的？

　　照着做吧，你会拥有对环境、身体和时间（我通常将它们戏称为"三元"）的支配力。由于量子场的亚原子世界是完全由意识组成的，除了用自身纯粹的意识，你无法经由其他任何途径进入。你不可能用你的肉体穿过大门进入量子场，只能在"无体"状态下进入。

　　你的大脑天生就具有驾驭这种技巧（敬请期待后文对这种技巧的详细介绍）的能力。当你知道自己拥有完成这项任务的完美装备时，就将这个世界抛在脑后吧，进入一个超越时间与空间的新现实，你会在欢欣鼓舞中自然地将这种技巧应用于生活中。

超越时间与空间

　　超越时间与空间是什么意思呢？时间与空间是人类创造出来解释物理现象的术语，包括位置和我们的时间感。当我们提到一个放置在桌上的杯子时，会用它的位置（在空间中的什么地方）和在这个位置停留的时间作为参照物。作为人类，我们一直执着于这两个概念（时间与空间）——我们在什么地方、在这个地方待了多久、还会持续多久、接下来要去哪。尽管时间并不是我们能够用感官切实感觉到的东西，但我们利用与感知空间位置基本相同的方法来感受它的流逝：我们"感觉"到时间在一秒、一分、一个小时地流逝，就如同感觉到自己的身体压着椅子、双脚踏在地面一样。

在量子场中，存在着无限能将潜在现实物质化的概率，这些概率完全超越了时间和空间，因为"潜在现实"并不是真实存在，而如果它并不存在，就没有位置，也不会占据时间。任何没有物质性存在的东西——即还没有将概率波坍缩成粒子现实——都是存在于时空之外的。

既然量子场是非物质的概率，那它就是位于时空之外的。一旦我们观察到这种无限概率中的一个，并赋予其物质现实，它就获得了这两种特性（时间与空间）。

要进入量子场，就必须进入某种与它类似的状态

令人激动的是，我们拥有将自己想要的现实从量子场中挑选出来，并将其物质化的力量！但前提是，我们必须用某种方法进入这个量子场。虽然我们一直与这个量子场息息相关，但该如何让它回应我们呢？如果我们不断地发射能量，因而也不断地向场中发送信号，并且也不断地收到场中反馈的信号——那么，要怎样做才能让这种沟通更有效呢？

在接下来的章节中，我会详细讨论如何进入量子场。现在，你需要了解的是，为了进入那个存在于时空之外的量子场，你必须进入一种与它类似的状态。

你是否有过那种时空似乎消失了的体验？回想一下那样的

时刻：当你乘坐高速列车，思绪完全集中在某件让你关心的事情上。此时，你忘记了自己的身体（不再觉察到在空间中的感受），忘记了环境（外在世界消失了），也忘记了时间（不知道自己出神了多久）。

在类似这样的时刻，你就站在了进入量子场的大门前。从本质上讲，此时你已经让意念变得比其他的一切都更真实。

稍后我会详细解释如何经常性地进入那种意识状态、如何进入量子场。

改变你的意识，改变你的人生

随着本章内容的逐渐展开，我已经引导着大家从意识与物质完全分割的概念前进到了量子模型，后者指出，意识与物质是不可分割的。

所以，过往每一次当你试图改变时，你的思维可能都从根本上被限制住了。你可能会认为，需要改变的永远都是自己的外在环境——如果不是有太多其他的事情要做，我本可以减去多余的体重，让自己变得更幸福。我们都发过类似的牢骚。如果"这样"的话，那么就"那样"。这完全是因果论。

如果你能改变自己的意识、意念、感受和存在方式，挣脱时间与空间的束缚，结果会怎样呢？如果你能赶在时间的前面改变自己，看到那些"内在"改变对"外在"世界产生的影响，又会怎样呢？

这并不是假设，你确实可以做到。

改变一个人的意识，并因此拥有新的体验、获得新的领悟，只需要打破从前习惯的存在方式就行了——给我和很多人的人生带来深刻、积极改变的，就是这个方法。当你克服自己的感官知觉，当你明白自己无须受过去的束缚——因为你拥有比身体、环境和时间更伟大的生命，就一切皆有可能。

简而言之，当你改变意识的时候，就会改变人生。

CHAPTER TWO

第二章

战胜环境

现在，我相信大家已经开始接受"主观意识能对客观世界产生影响"这一主张了。你甚至可能会迫不及待地承认，只需将单个电子从能量波坍缩为粒子，观察者就可以对亚原子世界以及某个特殊事件产生影响。到了此时，你可能也已对我之前讨论过的那些与量子物理相关的科学实验开始进入——那些实验证明，意识在某种程度上能够直接支配微观原子世界，因为这些元素基本上是由意识和能量构成的。这是量子物理在起作用，对吗？

不过，你可能对另一个概念依然怀着观望、存疑的态度，那就是——你的意识对生活有着真实、显著的影响力。你可能会这样问自己：怎样才能用意识影响那些更大的事件，进而改变我的人生？怎样才能将电子坍缩为我想在未来某个时刻拥有的、被称为"人生新体验"的具体事件？如果你对自己在一个更广阔的现实世界里创造逼真体验的能力心存疑虑，我一点都不会感到惊讶。

我的目标，就是让你从理论上明白、在实际行动中看到，"意念可以影响现实"这个观点或许有一定的科学基础。不过，对于那些持有怀疑态度的人，我希望你能接纳这样的可能性：你思考的方式会直接影响着你的生活。

不断重温熟悉的意念与感受，你就会重复创造同一个现实

如果你能把这种范式当作一种可能性来接受，那么，从纯理性的角度，你就应该同意，下面这种说法也是可能的：要创造出不同于个人世界中那些已经习惯了的东西，你必须改变自己日常习惯化的思考和感受方式。

否则，在不断重复和昨天、前天相同的思考和感受方式的前提下，你只能继续创造出和现有生活相同的环境，体验同样的情绪，而这些情绪会影响你，让你用与这些情绪相匹配的方式思考。

在此，我要冒险请求大家允许我将这种情形和那个众所周知的仓鼠轮做一下比较。当你不断思考自己的问题时（有意或者无意），只会给自己制造出更多相似的困难。而且，也许你之所以会如此频繁地"思考"那些问题，是因为一开始就是你的思维导致了它们的出现；你的麻烦之所以"感觉"如此真实，就是因为你在不断地重温那些最初导致这些问题的感受。如果你坚持要用与现有生活环境一致的方式去思考和感受，就相当于再次肯定了那个"特定"的现实，让它不断卷土重来。

所以，在接下来的新章节中，我要讨论的重点，就是你为了完成改变需要去理解的内容。

要改变，就要超越环境、身体与时间

大部分人在生活中都专注于三个元素：他们的环境、身体以及时间。他们不只是把注意力集中在这三个元素上，还以与它们一致的方式思考。但是，为了打破你的存在习惯，你必须用超越现有生活环境的方式思考，超越你存储在身体里的各种感受，让自己生活在一个新的时间轴上。

如果你想改变，就必须在意念里存有一个理想的自我——一个你可以模仿的榜样，这个榜样与存在于今日这个特殊环境、身体、时间中的"你"不一样，要优秀得多。历史上的每一个伟人都知道如何做到这一点，而一旦你掌握了下面提到的概念与技巧，就能让自己的人生变得同样伟大。

在本章中，我们的重点是如何战胜你的环境，并为接下来的两章奠定一些基础。在接下来的两章里，我们要讨论的是如何战胜你的身体与时间。

记忆构成了我们的内在环境

在我们开始讨论如何打破你的存在习惯之前，我想请大家暂时动用一下你们的常识。相信很多人都有反复用同一种方式来思考和感受的模式，那么，这种模式究竟是如何开始的呢？

我只能用讨论大脑的方式来回答，因为大脑是我们思考和感受的起点。当前的神经科学理论告诉我们，大脑是用来反映环境中我们所"知道"的一切的器官。我们在生活中接触到的所有信息，都以知识和经验的形式，被存储在大脑的神经突触连接中。

我们和认识的"人"之间的关系、拥有及熟悉的各种"东西"、在不同"时间"去过的"地方"，以及过往人生中五花八门的"经验"，都如同软件配置一样，被安装在我们的大脑里。就连我们一生中记住并不断重复的大量行为和举止，也都被深深地镌刻在大脑灰质那错综复杂的褶皱里。

所以，我们在各种具体的"时间"和"地点"与"人"和"物"发生的所有个人经验，都可以通过组成大脑的神经元（细胞核）网络体现出来。

那么，我们把这些在不同的地点和时间所经历的人和物的"记忆"统称为什么呢？那就是我们的"内在环境"。在极大程度上，我们的大脑就等同于我们的环境，它是我们个人生活的记录，是过往人生的投影。

处于清醒状态的时候，随着与这个世界中的各种刺激进行的常规互动，外在环境激活了我们大脑中不同的神经回路。这是一种近乎自动化的反应，其导致的结果就是，我们开始以与环境一致的方式思考（然后反应）。当环境引发我们思考时，熟悉的神经细胞网络就会激发出那些已被设定在大脑里的过往相关经验。基本上，我们就会自动地按照从过往记忆中得来的、熟悉的方式思考。

如果你的意念决定了你的现实，而你持续地思考同样的意念（这是环境的产物和反映），就会日复一日地持续制造同样的现实。这样一来，你的内在意念和感受与你的外在生活完美契合，因为正是你的外部现实——带着所有的问题、条件和环境——影响着你内在现实中思考与感受的方式。

熟悉的记忆提醒我们再现同样的经历

每一天，当你接触同样的人（例如你的老板、配偶和子女），做同样的事情（开车上班、完成日常工作、做同样的锻炼），去同样的地方（你最喜欢的咖啡店、常去的百货店以及工作单位），看到同样的物体（你的车、房子、牙刷……甚至自己的身体），那些和你所了解的世界相关的熟悉记忆就会"提醒"你去复制同样的体验。

我们完全可以说，环境其实控制着你的意识。既然"意识"的神经科学定义就是大脑的活动，那么，你根据外部环境，不断提醒自己是个什么样的人，你就是在反复地重现同样的意识水平。你的身份就变成了由外界的一切来定义，因为你认为自己等同于那些构成外在世界的所有元素。如此一来，你就是在用等同于现实的意识在观察现实，所以，你将量子场中无限的概率波坍缩成的事件只反映了你曾在生活中产生过的意识。你创造了更多雷同。

你可能认为，自己的环境和意念并不是那样严格意义上的相似，你的现实也不是那么容易就能复制的。但是，当你考虑到大脑是过往的全记录，意念是自身意识的产物时，你就会承认，从某种意义上说，你可能总是在用过去的思维思考。当你用与记忆相匹配的相同大脑硬件进行反应，就是在创造与过往相同的意识水平，因为你的大脑自动激发了业已存在的神经回路，用来反映你已知、已体验因而可以预测的一切。根据量子法则（顺便说一下，此时它依然在对你起作用），你的过去正在此时变成你的未来。

推断一下：当你从过往记忆出发去思考时，只能创造出同过往一模一样的经历。生活中所有的"已知"导致你的大脑用熟悉的方式去思考和感受，也因此创造出可知的结果，而你则继续按照自己熟悉的经验，再次肯定同样的人生。由于你的大脑等同于你的环境，所以，每天早上，你的感官会将你和同样的现实连接起来，开启同样的意识流。

从外界接收到的所有感官输入（即视、嗅、听、触、味），将你的大脑调整到与现实中所熟悉的一切同步的思考模式。当你睁开眼睛，就会知道躺在旁边的那个人是你的配偶，因为你们共同拥有的过往经历告诉了你。当你听到门外的犬吠声，就知道那是你的狗想要出门了。背上有个地方很疼，你记得这和昨天感觉到的疼痛是一样的。通过回忆在这个维度、这个特定的时间与空间中的那个你，你将熟悉的外界与心目中的自己联系起来。

我们的日常：与过往自我建立连接

每天早晨，当那些唤醒记忆的感官将我们和现实接通，提醒我们自己是谁、身在何处时，大部分人会做什么呢？哦，我们会通过一整套高度习惯化、无意识的自动化行为，与过往的自己保持连接状态。

例如，你可能会按照一套自动化的程序，每天在床的同一侧醒来，用同一种方式披上睡衣，照照镜子记起自己是谁，然后去冲个澡。然后，你会进行修饰、打扮，让自己的模样看起来符合每个人的预期，然后用和往常一样的方式刷牙。你用最喜欢的杯子喝咖啡，吃你习惯的早餐麦片粥。你穿上总穿的那件夹克，下意识地拉上拉链。

接下来，你不假思索地开车上班，走的是你习惯走的快速路。在单位做一些驾轻就熟的工作。你见到同样的人，刺激你产生同样的情绪，这让你对这些人、工作和生活产生和以往同样的意念。

随后，你抓紧时间回家，这样就可以赶紧吃饭，可以赶紧看你喜欢的电视节目，可以赶紧上床，可以赶紧将这一切重做一遍。这一整天，你的大脑有过变化吗？

在每一天都想着同样的意念、做出同样的行为、体验同样的情绪时，你为什么还会私下里盼望生活会出现什么不同呢？这不是很疯狂吗？我们都会成为这种有限生活的牺牲品，不是此时就是彼刻。现在，你明白是为什么了吧？

在前面的例子中，可以肯定地说，你每天都在复制同样的意识水平。如果量子世界表明环境是我们的意识的延伸（意识与物质是同一的），那么，只要你的意识保持不变，你的生活就会保持现状。

因此，如果你的环境保持不变，反应时的思考方式不变，那么，根据现实世界的量子模型，你不就只能创造出更多雷同吗？不妨用这样的方式去思考：输入保持不变，输出也必然保持不变。所以，你怎么可能创造出什么"新"东西呢？

硬连接：被固化的思维模式

如果你每天都过得千篇一律，持续地激发相同的神经模式，我就必须向你提及另一个可能的后果了。每一次当你对熟悉的现实情境做出反应，不断重建相同的意识（也就是说，激发相同的神经细胞，让大脑进入相同的工作模式）时，都是在对你的大脑进行"硬连线"，让它与个人现实中那些惯例条件相吻合，而不管这些条件是好还是坏。

神经科学中有一种理论被称为"赫布理论"（Hebb's law）。这一理论的基本原理就是认为"同时激发的神经细胞会彼此连接在一起"。赫布理论表明，如果你反复激发相同的神经细胞，那么在每一次被激发的时候，它们都能够很轻松地联合起来一起放电。最后，这些神经元之间会发展出长期持续的关系。

所以，当我使用"硬连接"这种说法时，意思是神经元集群在被用同样的方式激发了多次之后，就会自发组织起来，形成一种具有持久关系的特殊组合模式。这些神经元网络被激发的次数越多，就越有可能形成静态路由活动。一段时间之后，无论你经常重复的意念、行为或感受是什么，都会变成一种机械的、无意识的习惯。当环境对你的意识所产生的影响达到了这种程度时，你的生活环境就会变成你的习惯。

所以，如果持续思考相同的意念，做同样的事情，感受同样的情绪，你就会将自己的大脑固化为一种有限的模式，成为对有限现实生活的直接反映。结果，你会每时每刻都轻松自然地在大脑中不断复制同样的意识。

　　如此简单的响应周期会导致你的大脑——继而你的意识——进一步强化那个存在于外部世界中的特殊现实。在对外部世界做出反应时，你激发相同神经回路的次数越多，大脑等同于个人世界的概率就越大。而你也将在神经化学上变得与个人生活中的种种条件密不可分。久而久之，你的思维会被桎梏，最终形成定势，因为你的大脑只有一组有限的回路能被激发，这组回路随后会形成一种非常具体、特殊的心理特征。这种心理特征被称为你的"人格"。

你的存在习惯是如何形成的

　　作为神经习惯化造成的结果，内在意识和外在世界这两种现实似乎变得密不可分了。例如，如果你永远无法停止考虑相同的问题，你的意识和你的生活就会合而为一。此时，客观世界已经沾染了主观意识中的感知色彩，使得现实也因此不断地顺应这种主观色彩。你就会在梦境的幻觉中迷失自己。

　　你可以把这种现象称为成规旧例，我们每一个人都免不了落入这样的窠臼，但事实不止如此：不只行为，还有你的态度、感受都会变得不断重复。从某种意义上说，当你变成环境的奴隶时，就形成了自己的存在方式。你的想法变得与生活中的各种条件一致，因而，作为量子观察者的你，正在形成一种只会让这些条件在你的具体现实中再次得到确认的意识。你所做的一切就是在回应那个你所熟知的、一成不变的外在世界。

　　你确确实实地变成了外在环境作用下的结果。你容许自己放弃了对自身命运的掌控。完全不同于比尔·默里（美国喜剧明星）在电影《偷天情缘》（*Groundhog Day*）中所饰演的角色，你对自己、对生活的单调乏味毫无反抗。更糟的是，并不是什么神秘未知力量将你置于这个循环怪圈，你并非受害者——因为你自己就是这个怪圈的缔造者。

幸运的是，既然制造这个怪圈的人就是你自己，那你也可以选择终止它。

现实的量子模型告诉我们，要改变人生，就必须从根本上改变我们思考、行动和感受的方式。我们必须改变自己的存在状态。因为我们的思考、感受和行为方式本质上就是我们的人格，正是我们的"人格"创造了我们的"个人现实"（personal reality）。所以，为了创造新的个人现实、新的人生，我们必须创造一个新的人格，成为另一个人。

所以，改变就意味着我们的思想和行为要超越当前的情景，超越我们所处的环境。

伟大就是抓住梦想、脱离环境

在探讨如何让思想超越环境，进而打破你的存在习惯之前，我想给大家一些提醒。

高瞻远瞩，让思想超越现实是完全可能的，我们的历史教科书中就有很多这类先驱者的名字，有男人也有女人，例如，马丁·路德·金、小威廉·华莱士、居里夫人、圣雄甘地、托马斯·爱迪生以及圣女贞德等。他们每一个人的脑子里都有一个关于未来现实的概念，这个现实作为一种可能性存在于量子场中。梦想中的景象超越了感官知觉，鲜活地存在于充满无限可能的内在世界中，而且，在一段时间之后，他们每一个人的梦想都变成了现实。

他们的共同之处在于，都拥有一个比自己本身庞大得多的梦想、愿景或目标；都相信一种未来的命运，这种命运在他们的意识世界中显得如此真实，以至于他们开始把它当作业已发生的现实而活在其中。他们无法看到、听到、尝到、嗅到或触到它，却可以完全沉浸其中，并以符合这种还未到来的潜在现实的方式行事。换言之，他们表现得似乎梦想已经成为现实。

例如，在 19 世纪早期，印度沦为帝国主义的殖民地，这个现实让印度民众士气低迷。尽管如此，甘地依然相信另外一种当时并不存在的现实。他全身心地、坚定不移地支持平等、自由与非暴力的概念。

尽管甘地坚信所有人都是自由、自主的，但当时印度陷入暴力统治并被英国牢牢掌控的现实与他的信念大相径庭。在那个时期，人们持有的传统信念与他的希望与抱负形成了鲜明的对比。虽然在投身于改变印度的运动之前，甘地根本就不曾在现实中体验过自由的滋味，但他从来没有在任何逆境面前动摇并放弃自己的理想。

在一段漫长的时间里，很多来自外界的反馈都在提醒甘地，他所做的一切并没有改变世界。但是，他极少让环境中的各种条件左右自己的存在方式。他相信，有一种未来是自己在现阶段还无法用感官去亲眼目睹、亲身体会的，但这种未来在他的意识中是如此鲜活、真实，他根本不能用除此之外的任何一种方式生活。他的身体存活在当下，而他的意识却拥抱着未来。他深深明白，自己的思考、行动和感受方式将会改变当前环境中的各种条件。最后，这种努力有了结果，现实终于开始发生改变。

当我们的举止符合自己的意愿，当我们的行动等于自己的意念，当我们的意识与身体共同进退，当我们的言语与行为保持一致……每个人都会拥有巨大的能量。

历史上的巨人：为何他们的梦想会被斥为荒谬

历史上最伟大的人物，是那些不需要环境给予即时反馈，也能毫不动摇地投身于为未来命运奋斗的人。即使一直都没有得到任何感官迹象或实物证据，证实自己想要的改变业已发生，他们也丝毫不受影响。他们一定每天都在提醒自己，那个他们倾注了全部心力的现实是存在的。他们的思想领先于当前的环境，因为这个环境已经无法操控他们的思维。不错，他们确实领先于自己的时代。

还有另外一个基本元素是这些杰出人物所共有的——在他们的头脑中，对自己希望看到的改变有一个清晰、明确的概念。

他们中有一些人，在自己的时代里可能被斥为"不切实际"。事实上，他们的确是彻头彻尾地不切实际，他们的梦想也是一样。他们用意念、行为以及情绪去热情拥抱的事件是不现实的，因为那个梦想中的现实尚未发生。那些无知、尖酸的人可能还会说，他们的愿景完全就是nonsense（荒唐之言），这些唱反调的人可能并没有说错——这些关于未来现实的愿景确实是nonsense（无感之物），它们存在于一个超越感官知觉之外的现实中。

再举一个例子，圣女贞德曾被认为莽撞、愚钝，甚至被认为脑子不正常。她的想法是对那个时代的普遍信仰的挑战，这使她变成了对当时政治系统的一个威胁。但是，当她的想法变成了现实，她就被看成了正直、美好的象征。

当一个人怀着超越了当时环境的梦想时，是很伟大的。接下来，我们会看到，战胜环境与战胜身体、战胜时间有着不可分割的联系。在甘地的例子中，他丝毫不因外在世界（环境）的影响而动摇，不担心当前的感受以及未来会发生在自己身上的一切（身体），不在意为了实现自由梦想还要奋斗多久（时间）。他只知道，所有这些因素迟早都会在自己坚定的意念面前折腰。

有没有这样一种可能，对所有这些历史巨人而言，他们的想法在意识的实验室里萌芽生长，逐渐蓬勃苗壮，一直到让他们的大脑认为这些体验业已发生？你是否也能仅靠意念就改变自己？

心理演练：意念如何变成经验

神经科学已经证明，我们可以仅靠改变思考方式（也就是不改变环境中的任何东西），就改变自己的大脑——我们的行为、态度与信仰也会因此发生改变。通过心理演练（反复在想象中进行某个活动），大脑中的神经回路就可以自发组织在一起，将我们的目标反映出来。我们可以让自己的意念变得极其真实，真实到足以让大脑发生改变，使一切看起来如同想象中的事件已经变成了物质现实一般。所以，我们可以在外部世界的任何体验真实发生前，就改变自己的大脑。

举一个例子吧。在《进化你的大脑》一书中，我探讨了一种现象：在 5 天时间内，让被试每天用两小时的时间心理演练用单手弹钢琴（绝对没有实际碰触琴键），结果显示，这些人产生了与那些在相同时间内用相同的手指真实触碰琴键的被试们几乎一样的大脑变化。功能性脑部扫描显示，所有的被试都激活并扩展了大脑同一个特殊区域内的神经元集群。用心理演练的方式来练习音阶与和弦的实验组，与用身体进行真实活动的对照组，生成的神经回路在数量上基本相同。

这项研究说明了很重要的两点：（1）我们可以只靠改变思想就改变大脑，当我们真正凝神专注时，大脑并不能区分内部意念与外在体验之间的不同；（2）我们的意念可以变成经验。

在你努力摆脱旧习惯（消除旧的神经连接）、建立新习惯（生成新的神经连接）时，这个概念是成败的关键。所以，让我们进一步探讨一下，同样的学习效果，是如何在那些只做心理演练，却从未用手指触碰过任何琴键的人身上发生的。

无论我们是用身体还是心理在学习某种技能，都离不开四种能改变大脑的因素：学习知识、接受手把手地实践指导、注意和重复。

"学习"的过程就是在建立突触连接，"实践指导"就是让身体参与进来以获取新的经验，这会进一步丰富我们的大脑。当我们同时还给予"注意"并一再"重复"新的技能时，我们的大脑就会发生改变。

正是因为遵循了这样的原则，亲身练习了音阶与和弦的对照组生成了新的神经回路。

使用心理演练的实验组同样遵循了这一原则，只不过他们的身体从没有真正参与。他们可以很轻松地在头脑中设想自己弹钢琴的情境。

记住，这些被试在反复地进行心理演练后，大脑表现出了与真正弹奏钢琴的被试相同的神经连接的改变。新的神经元网络（神经网络）成功建立，这表明，这些神经连接实际上已经参与了钢琴弹奏练习，尽管被试的身体并没有真正的弹奏体验。我们可以这样说，这些被试的大脑先于"弹奏钢琴"这一物理事件一步，提前"存在于未来"。

因为人类拥有扩容的额叶，拥有让意念比其他任何东西都更真实的独特能力，所以我们的前脑能够很自然地把来自外在环境的东西"降低存在感"，除了专注的意念，其他任何东西都不会得到处理。这种内部处理程序让我们可以深入自己的心理想象，直到使大脑在尚未经历真实事件的情况下就修改其神经连接。如果我们可以不受环境控制地改变意识，并坚定、专注而持久地拥抱自己的理想，大脑就会走在环境的前面。

这就是心理演练，一种打破我们自身存在习惯的重要工具。如果我们反复地思考某样东西，将其他的一切都置之度外，就一定会迎来这样的时刻：意念变成了经验。当这种情况发生时，我们的神经硬件（大脑）就会被设置成把意念当作经验来反映的模式。这就是我们的思考改变大脑进而改变意识的那一刻。

成功打破自身存在习惯的关键，就是要深刻理解"神经系统的改变完全可以在与环境没有任何实质接触的情况下发生"

这一理念。思考一下前面提到的钢琴实验，是否具有更深刻的含义？如果我们将同样的心理演练程序用于所有想做的事情，就能够在拥有任何具体经验之前改变自己的大脑。

如果在某个渴望的未来事件发生之前，你就能够对大脑施加影响，促使它发生改变，那么，你也一定能够建立恰当的神经回路，使自己的行为与目标一致——虽然这个目标尚未变成现实。通过不断对更好的思考、行为与存在方式进行心理演练，你会将需要的神经硬件"安装"好，使自己做好迎接新事件的生理准备。

事实上，你能做的远远不止这些。我在本书中提到的"神经硬件"是个类比的说法，指的是大脑的物理结构、生理解剖，以及它的神经元。如果你不断地安装、加强、优化自己的神经系统硬件，这种重复操作就会最终形成一个神经网络——实际上，这是一个软件程序。就像电脑软件一样，这个程序（如一种行为、态度或情绪状态）将由此进入自动运行状态。

现在，你已经把自己的大脑调整到了准备接受全新经验的模式，而且，坦白地说，你也清楚自己能够应对这种挑战。如果你改变意识，大脑就会随之改变；而当你改变大脑时，意识也同样会发生改变。

因此，当时机来临，可以去证实一个与环境中的现有条件相反的想象时，你很可能已经准备好以执着、坚定的信念去思考、去行动了。事实上，对自己在一个未来事件中该如何表现，你规划得越多、越清晰，就能越轻松自如地进入一种新的存在方式。

　　那么，你是否会相信这样一个未来：虽然还无法用自己的感官去看到或体验到它的存在，但你已经在意识中对它进行了足够充分的思考，使你的大脑发生了实质的改变，如同这个未来已经确实发生过了，尽管这个物理事件在你的外在环境中还没来得及发生。如果答案是肯定的，你的大脑就不再只是对过去的记录，而是变成了指向未来的地图。

　　现在，大家已经知道，改变思考方式可以改变大脑，那么，我们是否有可能改变自己的身体，让它们"看起来"似乎也在预期情境真实出现前就已经有了相关的体验？请继续关注下面的内容。

CHAPTER THREE
第三章

战胜身体

你并非在真空中思考。每当你产生一个意念时，大脑中都会生成一个生物化学反应——也就是说，你制造了一种化学物质。接下来，正如大家将在后面了解到的那样，大脑会向身体释放特殊的化学信号，对身体而言，这些化学信号扮演的角色就是该意念的信使。当身体接收到这些来自大脑的化学信息时，会立刻遵从其指令，直接启动一套与大脑思维一致的反应。然后，身体会马上向大脑发送一条确认信息，表明身体的各种感觉已经与大脑的思维完全一致。

要理解这个过程——即你的想法如何与身体同步、如何形成新的意识——你首先要理解大脑及其化学物质在生活中所扮演的角色。过去数十年间，我们已经发现，大脑和身体是通过强大的电化学信号互相作用的。在我们的两只耳朵之间，存在着一个巨大的化学工厂，对我们大量的生理功能起着协调作用。不过，别担心，我们要涉及的只是一些入门级的神经化学知识，你只需要知道几个专业术语就够了。

所有细胞的表面都有受体，专门接收来自外界的信息。当一个受体和一个来自外界的信号在化学、频率及电荷之间形成匹配时，细胞就会被激发，开始执行特定的任务。细胞组成如图 3A 所示。

细胞活动

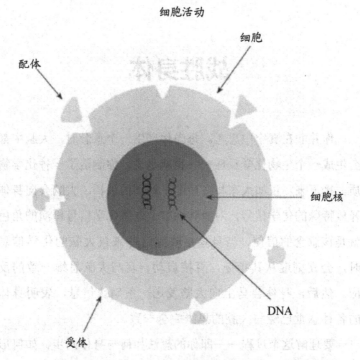

图 3A 带有受体的细胞接收来自外界的重要信号。这种信号可以对细胞产生影响，让它们去执行不计其数的生物功能。

神经递质、神经肽和荷尔蒙是让大脑活动、让生理功能产生因果效应的化学物质。这三种不同类型的化学物质被称为"配体"（ligand 的词根 ligare 在拉丁文中是 "绑定" 的意思），它们可以在几毫秒之内与细胞产生联系、相互作用或施加影响。

神经递质是主要在神经细胞之间传递信号的化学信使，它们让大脑和神经系统保持沟通。神经递质有很多不同的种类，每一种都负责某些特殊的活动。其中，有的神经递质可以让大脑兴奋，有的则会让大脑迟钝，还有一些可以让我们进入睡眠或清醒状态。它们能指使神经元从当前的结合点脱落，或者与当前结合点粘得更紧密。它们甚至可以在信息被传递到某个神经元的过程中将其篡改，变成一条不同的信息，然后传递给所有相连的神经细胞。

神经肽是第二种配体，是化学信使团队的主要生力军。大部分神经肽由被称为下丘脑的大脑结构加工而成（近年来的研究发现，我们的免疫系统也可以制造神经肽）。这些化学物质经过脑下垂体后，会导致脑下垂体释放出一种携带着特定指令的化学信息。

在通过血管时，神经肽会依附于各种组织细胞之上（主要是腺体），然后激发出第三种配体——**荷尔蒙**，荷尔蒙会进一步影响我们的感觉。神经肽和荷尔蒙是负责感觉的化学物质。

为了更好地理解，我们不妨将神经递质视为来自大脑和意识的化学信使；将神经肽视为在大脑与身体之间往来沟通的化学信号兵，负责让我们的感觉和思维保持一致；将荷尔蒙视为与身体主要感觉相关的化学物质。配体在大脑和身体中所起作用概览如图 3B 所示。

配体在大脑和身体中所起作用概览

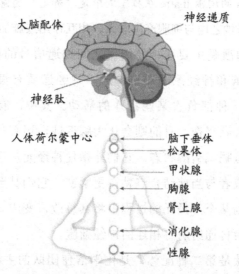

图 3B 神经递质是神经元之间种类繁多的化学信使；神经肽是能够向人体不同腺体发送信号，令其分泌荷尔蒙的化学信号兵。

例如，当你产生性幻想时，这三个因素都被调动起来了。首先，当你开始产生某些想法时，大脑就会督促一些相关的神经递质赶紧行动起来，神经递质会激发神经元网络的活动，在你的脑海里形成一些画面。接下来，这些化学物质会刺激特定神经肽的释放，进入你的血管。等这些神经肽抵达你的性腺时，其中的肽会与组织细胞绑定在一起，激发你的内分泌系统，然后在转眼之间，该发生的就发生了。你的性幻想在意识里呈现得太真实，使得你的身体也开始为一场真正的性体验做好了准备（在真实事件发生之前）。这就是意识与身体结合所产生的威力。

同样地，如果你开始考虑给那个侮辱弱小少年的人一个教训时，神经递质就会在你的大脑中开始行动，启动思考过程，产生具体想法，而神经肽则会用特定的方式向你的身体传递化学信号，让你开始感到怒火中烧。一旦肽找到了通往肾上腺的道路，就会怂恿肾上腺释放出肾上腺素和皮质醇——此时你肯定已经感到自己整个被点燃了。通过这样的化学过程，你的身体就做好了战斗准备。

"思维 – 感觉" 循环圈

脑子里想着不同的意念时，你的神经回路会以相应的序列、模式及组合被激发，然后产生与这些意念一致的意识水平。在这些特定的神经元网络甫一激活之际，大脑就会产生特定的化学物质，这些化学物质携带着与那些意念完全匹配的信号，让你产生与自己的思维完全一致的感觉。

因此，当你有了伟大、慈悲或喜悦的意念时，大脑就会产生让你感到伟大、慈悲或喜悦的化学物质。而如果你有消极、恐惧或不耐烦的意念时，情况也一样如此——你会在数秒钟内开始感到消极、焦虑或不耐烦。

在大脑和身体之间会不时地表现出同步性。事实上，当我们的感觉与思维同步时——因为大脑与身体的沟通是持续不断的——我们也让自己的思维与感觉同步了。大脑时时刻刻都在监控着身体的感觉。以接收到的化学反馈为基础，大脑会形成更多的意念，这些意念会催生与身体感觉一致的化学物质，所以，我们会首先让"感觉"与"思维"同步，然后再让"思维"与"感觉"同步。思维－感觉循环圈如图 3C 所示。

思维－感觉循环圈

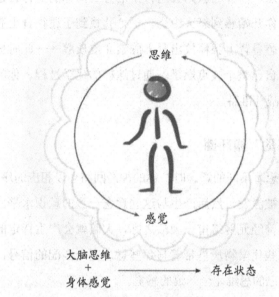

图3C　身体与大脑之间的神经化学关系。在你思考某个意念时，大脑会产生一些化学物质，让你的感觉与思维完全一致。当感觉与思维同步时，你就会开始让思维与感觉同步。这就创造了一个"存在状态"的循环圈。

　　我们会在这本书中对这个观点进行深入的探讨，不过，一定要考虑到意念主要与意识（大脑）有关，而感觉与身体有关。因此，当身体的感觉与意念的某种特殊状态同步时，意念与身体就处于齐心合力共同作用的状态。你会想起我们前面提到的，当意念与身体完全一致时，最终的结果被称为"存在状态"。我们也可以说，持续不断的"思维－感觉"和"感觉－思维"循环圈创造了一种存在状态，这种存在状态会影响我们的现实世界。

　　存在状态的意思是，我们对某种心理－情绪状态、某种思维方式和感觉方式达到极其熟悉的程度，熟悉到让它们成为自我身份认同中不可分割的一部分。正因如此，我们通常会用当下的想法（以及因之而起的感受）或者当前的存在状态来描述自己。我很生气；我很痛苦；我很激动；我很不安；我很消极……

但是，如果我们年复一年地想着某个特定的意念，然后产生同样的感觉，再以与这些感觉一致的方式思考（就像仓鼠轮一样），就会创造出一种被存储起来的存在状态，在这种状态中，我们会断然地宣称"我如何如何"，并将之视为一种绝对。这就意味着，此时我们正在"将自己定义为某种存在状态"。我们的意念和感受完全融合了。

例如，我们可能会说：我很懒；我是一个容易焦虑的人；我通常对自己感到不确定；我存在价值感方面的问题；我脾气急躁，缺乏耐心；我真的没那么精明……这些被存储在记忆中的特殊感受会对我们所有的人格特点产生影响。

警告：当感觉变成思维的手段，或者无法让思维超越感觉时，我们就永远不可能改变。改变就是让思维超越自己的感觉；改变就是让行动超越那个记忆中的自我所熟悉的感觉。

举一个特殊的例子。某天早晨，你开车去上班，开始想起几天前与诽谤者发生的激烈冲突。当与那个人和那段特殊经历相关的念头出现在脑海时，你的大脑就会开始释放化学物质，这些化学物质在你的身体内部循环。很快，你就会产生和当前思维完全同步的感觉，可能会再次变得怒不可遏。

你的身体会向大脑回复一条信息，说："不错，我的确感觉要气炸了。"当然，你的大脑在不断与身体沟通并监控其内部化学秩序的同时，也会被你突然改变的感觉所影响，结果，你的思维也开始改变了。（在这一刻，你的感觉开始与思维同步，思维与感觉同步。）你会无意识地持续思考那些令人生气、挫败的意念，以此来强化同一种感觉，而这样做又会让你感到更生气、更挫败。实际上，你的感觉此刻正控制着你的思维；你的身体正驾驭着你的意识。

随着这个循环的持续，你愤怒的意念会催生更多涌向身体的化学信号，它们会激活与愤怒情绪相关的肾上腺化学物质。此时你变得怒火万丈，充满攻击性。你感到脸上充血，胃部痉挛打结，太阳穴突突直跳，肌肉开始紧张。当这些被加剧的感受像潮水一样漫过你的身体，改变你的生理状况，这杯用各种化学物质调制的"鸡尾酒"就会激活一整套神经回路，让你的思维与这些情绪同步。

此时，你会用 10 种不同的方式在心里痛骂那名诽谤者。你会在脑海里唤醒一连串的恼怒，当你到达目的地后，你从车里钻出来，头晕眼花，举止疯狂，因杀气腾腾而气喘吁吁。活脱脱一个能行走、讲话的愤怒者模型……而这所有的一切都始于一个意念。在这种时刻，让思维超越你的感觉似乎是不可能的——这就是为什么改变如此之难。

大脑与身体之间这种循环性沟通的结果就是，你对这类情境的反应往往可以预见。你为这些相同、熟悉的意念和感受创建了固定的模式，并在无意识中让行为陷入了自动化模式，这些已形成惯例的模式让你如泥足深陷，难以自拔。那个化学的"你"就是这样运作的。

是身体控制意识，还是意识控制身体

为什么改变如此之难？

假设你母亲喜欢吃苦，而且，经过长期观察，你不自觉地意识到，这种行为模式让她在生活中得到了想要的东西。让我们假设你自己的人生也有过一些艰难的经历，吃了点苦头。某些记忆依然能够引发你的一些情绪化反应，它们都围绕着你人生中某个特定时期、某个特殊地点、某个具体人物而存在。你经常想起过去，不知道怎么搞的，这些记忆总是能够被轻易唤醒，甚至自动出现。现在，想象一下，你在过去20多年的时间里，一直在围绕着痛苦进行思维－感觉、感觉－思维的循环。那是一种什么体会？

事实上，你已经不需要想起往事就能产生苦难的感觉。除了惯常的感觉方式，你似乎已经无法用其他任何方式来思考和行动了。那些反复出现的意念和感受已经将苦难存储在你的记忆里——因为它们都与引发苦难的那个事件有关。而你对自己、对生活的看法，往往已被受害感和自怜感涂抹得面目全非。20多年不断追逐同样的意念和感受，已经让你的身体形成了条件反射，不需太多刻意的念头，就能把所有痛苦统统记起。而这一切在此时显得是那么自然、那么正常。这就是你。不管什么时候，只要你试图改变自己的某些方面，都像在走回头路一样。你会毫无意外地回到曾经的自我。

大多数人不知道的是，当他们想起一个高度紧张的情绪体验时，会用和从前完全一样的序列和模式激发自己的大脑。他们将被激发的神经回路强化为更稳定的神经网络，通过这种方式让大脑与过往形成固定的连接。他们还会在大脑和身体中（以不同的程度）复制同样的化学物质，就好像在这一刻再次真切地将往事体验了一遍。这些化学物质会着手训练我们的身体，让身体将那种情绪进一步存储起来。由"思维－感觉"和"感觉－思维"产生的结果，和那些连接在一起同时被激发的神经元一样，使意识和身体对一套有限的自动化程序形成了条件反射。

我们能够一遍遍地让往事再现，也许一生中可以达到成千上万次。正是这种无意识地重复，将我们的身体训练得对那种情绪状态有了牢固的记忆，和我们的意识做得一样好——甚至更好。当身体的记忆比意识的记忆还深刻——也就是身体即意识的时候——就形成所谓的"习惯"。

心理学家告诉我们，在 35 岁左右时，我们的个性和人格将会彻底成形。这就意味着，对我们这些超过 35 岁的人而言，我们已经存储了一套经过选择的行为、态度、信念、情绪反应、习惯、技能、联想记忆、习惯性反应及观念，它们已经编入了我们潜意识中的固定程序。这些程序驱动着我们，因为身体已经变成了意识。

这就意味着我们会思考同样的意念，产生同样的感觉，用同样的方式反应，以同样的方式行事，信仰同样的教条，用同样的方式感知现实。人到中年的时候，大约 95% 的自我都是一系列已经成为自动化的潜意识程序——开车、刷牙、压力大的时候暴饮暴食、忧虑自己的将来、对朋友品头论足、抱怨生活、指责父母、不相信自己、坚持让自己长期不快乐……不一而足。

我们往往只是看上去很清醒

当身体变成了潜意识中的"意识"，就很容易出现下面的情形：当身体本身变成了意识，原来的意识对我们的行为就没有什么用武之地了。在一个意念、感受或反应乍一出现的那一刻，身体就会开始运行自动驾驶程序。我们被潜意识操控了。

举个例子，一个母亲驾驶着一辆小型货车送孩子们上学。几乎就在同一时刻，她要注意交通情况、制止孩子们的吵闹、喝咖啡、换挡、帮儿子擤鼻涕……她是怎么做到的？这很像一个电脑程序，上述行为已经变成了自动功能，可以非常流畅、轻松地运行。母亲的身体之所以能够如此娴熟巧妙地做好这一切，是因为它已经通过大量的重复记住了如何完成这些事情。她已经不再需要对"如何做"进行任何有意识地思考，它们已变成了习惯。

想想吧，只有5%清醒的意识，却要对抗95%在潜意识中自动运行的程序！我们已经把一整套行为记得滚瓜烂熟，熟到让自己变成了自动化、习惯化的"躯体化意识"（body-mind）。事实上，当身体对一个意念、行为或感受的记忆达到了"身体即意识"的程度时，我们就变成了自己的记忆（一种状态）。如果在35岁的时候，我们95%的自我由一套自动化程序、存储在记忆中的行为及习惯化的情绪反应组成，并任由95%的日常生活被它们覆盖，那么我们就处于无意识状态之中。我们只不过是看起来清醒而已。天哪！

所以，一个人可能有意想让自己幸福、健康或者自由，但是，在长达20年的时间内，那些苦难经验主宰着他的人生，那些导致痛楚、自怜的化学物质不断地循环出现，已经在潜意识中把他的身体调整到一种习惯于苦难、痛楚、自怜的状态。当我们对自己当下的思考、行为或感受失去清醒的觉察时，就是在依赖习惯生活。我们进入了无意识状态。

而我们要打破的最大习惯，就是自己存在的习惯。

当身体主持大局

下面我们举一些身体成为习惯化状态的实际例子。你是否有过无法有意识地记起某个电话号码的经历？不管你怎么努力回忆，却连要拨的一连串数字中的3个数都想不起来。然而，你却可以拿起电话，然后看着自己的手指有自主意识似的，熟练地拨出那些数字。你清醒的、正在思考的大脑无法记起那些数字，但你的手指实际操作的次数实在太多了，多到你的身体已经比你的大脑更熟知这些数字。（这个例子是给那些成长于快速拨号和手机出现之前的读者的。如果你不是，那么你大概在ATM机上输入个人识别密码或网络密码时会有相同的体验。）

与此类似，我想起了当初在健身房锻炼的经历。我有一个储物柜，配的是密码锁。有一次，我锻炼完后感觉太累了，实在想不起密码是什么。我盯着数字盘，努力回忆那三个数字的顺序，但它们就是不肯浮出脑海。然而，当我开始转动数字盘时，密码组合就自动跳出来了，几乎就像有魔法似的。这种情况的出现也是因为我们对某件事情练习的次数太多了，多到让身体比清醒的意识记得更清楚。在潜意识中，身体变成了意识。

记住，到35岁时，我们95%的自己都存在于同样的潜意识记忆系统内，在这个系统中，身体会自动运行一套程序化的行为和情绪反应。换句话说，这时候是身体在主持大局。

当仆人变成了主人

实际上，身体应该是意识的仆人。由此可知，如果身体变成了意识，就意味着仆人变成了主人。而前主人（清醒的意识）却陷入了沉睡中。意识可能认为自己依然在管理全局，而身体却影响着我们所做的决定，让它们与存储在身体中的情绪保持一致。

现在，假设意识想要重新夺回控制权，你认为身体会说什么？

你早干什么去了？回去睡觉吧。我已经掌控全局。你没有决心、没有毅力，也没有足够的觉察力去做我之前一直在做的事情——那时候你正懵懵懂懂一切听我的指挥呢！这些年来，为了更好地为你服务，我连受体部位都做了修改。你以为是自己在主持大局，却不知道是我一直在影响你，敦促你按照感觉上正确和熟悉的方式去做所有的决定。

当那 5% 清醒的意识与那 95% 自动运行的潜意识程序对抗时，那占 95% 的部分反应是如此迅速，只需一个偶然的念头或来自外界的一个刺激，就足以再次将自动程序激活。然后，我们就会又一次回到老路上——想着相同的意念，做出相同的行为，却期盼着自己的生活能够出现不同。

每一次，当我们试图拿回控制权的时候，通常也是身体向大脑发出信号，意欲说服我们放弃有意识的目标之时。我们的内部仿佛有一个声音在喋喋不休地提出一大堆理由，说明为什么不应该尝试任何不寻常的东西，要求我们不要打破已经适应的、习惯化的存在状态。它会搬出我们所有的弱点，其中有的是被它所熟知的，有的本身就是它暗中替我们养成的，一个个扔到我们面前。

我们会在脑海里想象一些最糟糕的情景，所以当那些熟悉的感受出现时，我们会因为不适而试图摆脱。因为，当我们试图打破那个已经成为第二天性的内部化学秩序时，身体会陷入混乱状态。来自内部没完没了的纠缠让我们几乎无法抵抗——所以，只要时间一长，我们就屈服了。

进入潜意识进行改变

潜意识只知道你通过程序化让它做的事情。你是否有过这样的经历：你正在笔记本电脑上敲字的时候，突然之间，电脑开始运行自动程序，而你完全操控不了它。当你试图用清醒的意识来停止潜意识中的自动化程序的运行时，就如同一台陷入异常状态的电脑——同时有多个程序在运行，各种窗口不断弹出，让你眼花缭乱束手无策，你对着电脑大喊"停"，却徒劳无功。电脑对此根本不予理睬，它会继续当前的操作，直到某种干预出现——你进入操作系统并修改某些设置。

在本书中，大家会了解到应该如何进入自己的潜意识，用一套新的策略对其进行重新编程。实际上，你必须以那个想象中的自我为基础，让你的大脑忘掉或者"断开"旧的思维和感觉模式，然后重新学习或者重新"连接"新的思维和感觉模式。当你让身体与新的意识建立了条件反射时，两者就不会互相对立，而一定会和谐共存。这就是改变的关键所在，也是自我创造的精髓所在。

证明清白之前，都被推定为有罪

下面我用一个真实的生活情境来说明，当我们决定打破某些记忆中的情绪状态或者改变意识时，会发生什么情况。我想，我们每个人都理解"负罪感"这种常见的存在状态，所以我将以此为例，用通俗易懂的语言来阐释"思维－感觉"的循环圈是如何跟我们对着干的。然后，我们会识别一些"大脑－身体"系统为了保留控制权及保存消极存在状态而做的努力。

假设你时常为了某种事情产生负罪感。如果一段关系出现了问题——很简单的沟通失误、某人毫无道理地向你宣泄不该由你承担的愤怒，诸如此类——最终你总是会把责任揽下来，感觉糟心透了。你总把自己想象成一个反复声称或认为"是我错了"的人。

在这种情况持续了20年之后，你就会自动地认为自己有错，脑子里充满了内疚的念头。你已经为自己创造了一个充满负罪感的环境。当然，出现这种情况，一些其他的因素也功不可没，但现在我们主要讨论"你的思维与感觉是如何创造了你的存在状态"这个概念。

每一次，当你产生一个内疚的念头时，就会向身体发送出让它产生特定化学物质以制造负罪感的信号。这个过程进行得太频繁了，以至于你都可以让自己的细胞浸泡在这些能够制造负罪感的化学物质中游泳了。

于是，位于细胞上的受体部位不得不进行调整，以便更好地吸收并处理这种特殊的化学表达——负罪感。渐渐地，那些多到足以将细胞浸泡起来的能够引发负罪感的化学物质变成了正常状态，最后，那些被身体感知为正常的东西开始被大脑解读为愉悦。这就像在机场生活了数年之后，你完全适应了那种噪声，渐渐意识不到它的存在。除非有一架飞得比通常情况低很多，引擎的轰鸣声也比往常大很多的飞机飞过，才会引起你的注意。你的细胞和这种情况完全一样，它们对引发负罪感的化学物质完全脱敏了，它们需要你提供更强烈、更强劲的情绪——一个更高的刺激阈值——才能再次被激发。当来自负罪感化学物质更强劲的"一击"唤起身体的注意时，你的细胞会在这种刺激面前"振作"起来，就像习惯喝咖啡的人喝下第一杯咖啡时的感觉。

当一个细胞走到生命终点，就开始分裂制造出子细胞，而新细胞表面的受体部位会要求更高的负罪感阈值，才能满足它们被激发的条件。此时，身体需要更强烈、更糟心的情绪冲击，才会感到"有活力"。你的所作所为使自己变得对负罪感上瘾了。

当生活不如意或出现问题时，你就会自动地将自己设定为应该内疚的那一方——这对你而言似乎再正常不过了。你甚至不需要考虑如何产生负罪感——你简直就是负罪感本身。你的意识察觉不到你在如何用语言和行为表达内疚，你的身体想要感受它已经习惯的内疚水平——因为你训练它如此。大部分时候，你都无意识地处于负罪感中——你的身体已经变成了负罪意识。

只有在某个特定时刻，比如说，一个朋友向你指出，你不需要向那个找错了零钱的店员道歉时，你才会认识到，自己性格中的这个特征对生活的影响已经无处不在。假设这次认识在一瞬间让你恍然大悟——一种顿悟——你就会想：她说得对。为什么我要一直道歉？为什么我要为每个人的过错负责？当回顾完自己不断"请求负罪感"的历史后，你会对自己说："今天我要停止责备自己，停止为他人的不当行为制造借口。我要改变。"

因为这个决定，你打算不再去想那些总是导致相同感受的意念，也不再去体验那些总是导致相同意念的感受。如果有动摇，你会与自己达成一个协议，告诉自己要停止走老路，要记住自己的决定。两个小时过去了，你的确自我感觉不错。你就想：哇，这确实管用。

不幸的是，你身体内那些细胞的感觉却没有那么良好。在过往的岁月里，你已经把它们的胃口养刁了，需要更多情绪分子（在这种情况下，指的是负罪感）才能满足其化学需求。你已把身体训练得需要源源不断的化学供给，而现在，你要将这个持续的供给进程打断，驳回其化学需求，违背其潜意识程序。

身体对负罪感和其他情绪的成瘾性，和它对毒品的成瘾性没什么两样。刚开始的时候，为了产生某种感觉，你只需要一点点情绪／毒品就足矣；接下来，你的身体变得不再那么敏感，为了产生与此前相同的感觉，你的细胞需要的情绪／毒品会越来越多。努力改变情绪模式的过程就像戒毒一样。

一旦你的细胞不能像平常一样，得到来自大脑的负罪感信号，它们就会开始表达自己的忧虑。以前，在身体和意识的共同作用下，产生了被称为"负罪感"的情绪状态，现在，你不再用同样的方式去建立思维－感觉、感觉－思维的循环了。你的打算是产生更多积极的想法，但你的整个身体依然跃跃欲试地想在自责念头的基础上制造负罪感。

你可以把这个过程想象成一条高度专业化的生产流水线。在大脑的设定下，你的身体习惯性地期待某个与整个生产线契合的零部件，可突然之间，你发给它另外一个无法契合原来"负罪感"的零部件。此时警报就拉响了，整个生产线陷入停顿。

你的细胞一直在刺探大脑与意识的动态；你的身体永远是意识最好的解读者。所以，它们都停止了自己的活动，抬头望向大脑，想着：

你在上头搞什么呢？你坚持要抱着负罪感不放，这么多年来我们可是一直忠实地遵循着你的指令！因为你不断重复的意念和感受，我们特地在潜意识中存储了一个程序；为了精确反映你的意识，我们改变了自己的受体部位——为了让你能够自动地产生负罪感，我们修改了自己的化学物质；我们维护着你的内在化学秩序，不受任何外在生活情境左右。我们已经完全习惯了同一种化学秩序，你的全新存在状态让我们感觉很不舒服、很陌生！我们想要那个熟悉的、可预测的、自然的状态。你想突然改变？门儿都没有，我们不能接受！

于是细胞们聚在一起说：我们向大脑发送一条抗议信息吧。但要做得不动声色，因为我们要让她认为这完全是她自己的主意，不能让她知道这些想法来自我们。所以，细胞们发出了一条标示着"紧急"的信息，沿着脊髓直达大脑皮层。我把这个信息渠道称为"快速通道"，因为信息在几秒钟内就直接抵达了中枢神经系统。

与此同时，身体的化学物质——即负责负罪感的化学物质——正处于较低水平，因为你不再以相同的方式思考和感受。但是这种降低瞒不过相关的耳目。大脑中一个名为下丘脑的自动调温器也发出警报称：化学值正在下降，我们需要制造更多化学物质！

于是，下丘脑向大脑发出信号，要求恢复其原有的习惯化方式。这是"慢速通道"，因为需要更长的时间让化学物质在血管中循环。身体想要你回到记忆中的那个化学自我，所以它会对你施加影响，让你用熟悉的、习惯化的方式思考。

"快速通道"和"慢速通道"的细胞反应是同时发生的。接下来会发生什么呢？你开始听到脑海中各种念头在对你喋喋不休：你今天太累了；你可以明天再开始；明天会更好一些；真的，你可以晚点再做。还有一句我最喜欢的：这感觉不对。

如果这些都不管用,第二个悄然袭击就开始了。"躯体化意识"(body-mind)想要再次掌握控制权,所以它会开始一点点对你找茬:现在让自己感觉糟糕一点也没关系;是你父亲的错;你难道不为过去的所作所为感到惭愧吗?事实上,让我们回顾一下过往,这样你就能够记起为什么你会这样。看看你——你真是一团糟,一个失败者。你又可怜又软弱。你的人生就是一场败局。你永远都无法改变。你太像你的母亲了。你为什么不干脆放弃呢?当你继续这种"糟糕化"思维时,你的身体正在诱哄着你的意识,让它回到身体习惯的状态中。从理性层面上说,那种状态是荒谬的,但是很显然,在某种层面上,那种不好的感觉能让人觉得只有这样子了。

当我们把这些无声的言语听进去,对这些念头深信不疑,并且随之感受到和从前完全一样的熟悉感觉时,心理健忘症就适时地出现了——我们忘记了自己最初的目标。有趣的是,我们竟然会对身体怂恿大脑来告诉我们的话深信不疑!我们又放任自己被那些自动化程序淹没了,再次回到了那个旧时的自我。

大部分人都能理解上面描述的情形,这跟我们试图打破任何一种习惯时碰到的情形没什么两样。不管让我们上瘾的东西是香烟、巧克力、酒精、购物、赌博还是咬指甲,在停止习惯性行为的那一刻,身体与意识之间就会爆发大混战。我们的意念会在第一时间认同那些让身体乐于去体验的放纵感受。一旦我们屈服于欲望,就会在生活中不断制造同样的结果,因为意识与身体是对立的。我们的意念与感受各自为政、彼此对抗,而如果身体变成了意识,我们就会一直成为感受的傀儡。

只要我们还在把熟悉的感受当作晴雨表，当作对自己为改变而付出的所有努力的反馈，就会一直说服自己与伟大渐行渐远。我们将永远都无法让思维超越外在环境，永远不能看到一个不同于过往那个消极世界的、充满无限可能的积极世界。你看，意念和感受对我们的影响力竟是如此强大。

我们需要的帮助就在一念之间

打破自己存在习惯的下一个步骤，就是理解让意识与身体齐心合力并打破让我们陷入负罪感、羞耻感、愤怒或抑郁状态的那个化学链到底有多重要。拒绝身体提出的恢复不良旧秩序的要求并非易事，但是，要得到需要的帮助，只在你一念之间。

在接下来的内容中你会了解到，为了让真正的改变发生，关键是要将已经成为你人格一部分的那些情绪记忆抹去，然后对身体进行重新调整，让它适应全新的意识。

那些负责情绪的化学物质已经让我们的身体习惯了某种存在状态，而这种存在状态通常都是愤怒、嫉妒、怨恨、悲伤等消极情绪的产物，这一认知很容易让我们感到绝望。毕竟我说过，这些程序、倾向都深埋在我们的潜意识里。

好消息是，我们可以改变自己，使自己能清醒地觉察到这些倾向。在后面的篇幅中，我会对这个概念做进一步解释。现在，我希望你能接受这个观点：为了改变人格，你需要改变自己的存在状态，而你的存在状态与你记忆中的各种感受密切相关。正如消极情绪会嵌入你的潜意识操作系统一样，积极情绪也一样可以。

仅靠意识中的积极思维无法战胜潜意识中的消极感觉

曾经在某个时刻，我们所有人都清醒地表过态：我想让自己快乐。但是，除非身体得到指令，否则它就会一直持续地运行那些表达负罪感、悲伤或焦虑的程序。清醒、理性的意识可能断定自己需要快乐，但身体却在多年内被设定了相反的感觉。我们站在讲台上宣布，改变是自己的最佳选择，但在生理本能层面上，我们似乎无法调动真正快乐的感受。这是因为意识和身体并没有齐心合力。清醒的意识想要的是这个，而身体想要的是另外一个。

如果你多年以来一直置身于消极感受中，那么，这些感受已经为你营造出了一个自动化的存在状态。我们可以说，你潜意识中就是不快乐的，对吗？你的身体习惯了消极，它知道如何让你不快乐，但清醒的意识却不那么清楚怎样才能令你快乐。你甚至根本不需要去考虑"怎样才会消极"的问题就确切地知道，消极就是自己当下的状态。这种态度存在于潜意识的"躯体化意识"中，你清醒的意识要如何才能控制它呢？

有人认为，"积极思维"是这个问题的答案。我想指出的是，仅靠积极思维本身，是永远不管用的。有很多所谓的积极思考者在人生大部分时间里都在感受着消极，而现在他们却开始尝试积极地思考。他们处于一种两极化的状态中，为了超越身体内部的感受，不得不努力用不同的方式思考。他们有意识地用某种方式思考，却让自己的身体存在于完全相反的状态。记住，当意识与身体处于对立状态时，改变永远不会发生。

记忆中的感受限制了对过往的重新创造

按照定义，情绪是过往人生体验的最终产物。

当你正处于某种体验中时，大脑会通过5种不同的感官通道（视觉、嗅觉、听觉、味觉及触觉）接收来自外界的重要信息。当这些累积在一起的感官数据抵达大脑并受到处理后，神经元网络会将它们整理成特定的模式以反映外部事件。就在神经细胞串联到位的那一刻，大脑释放出相应的化学物质，这些化学物质被称为"情绪"或"感受"。（在本书中，我使用的"感受"和"情绪"两个词是可以互换的，因为它们在我们的理解中非常接近。）

当那些情绪通过化学物质的作用，像潮水一样漫过你的身体时，你会察觉到自身内部秩序正在发生的改变（你的思维和感觉已经和片刻之前不同了）。自然而然地，你会注意到外界环境中导致这种改变发生的人或物。当你能够确定引发自身内部改变的外界东西是什么时，这个事件本身就被称为"记忆"。你将环境中的信息按照神经和化学方式进行编码，然后存储到你的大脑和身体内。如此一来，你就可以更好地记住这些经历，因为你能想起它们发生时自己的感受——感受与情绪是过往经历的化学记录。

例如，当老板就你最近的表现来找你谈话时，你立刻注意到他看上去脸色通红，甚至处于激怒状态。当他开始大声讲话时，你闻到了他呼吸里的大蒜味。他指责你在其他雇员面前诋毁他，败坏他的名声，还说他已经驳回了你的升职请求。此时你感到紧张不安、膝盖发软、胃里翻腾不休并且心跳加快。你感到恐惧，感觉自己被出卖了，内心充满愤怒。所有累积的感官信息——你嗅到、看到、听到、感觉到的一切——正在改变你的内在状态。你将这样的外在体验与内部感受的变化联系起来，用情绪的方式留下了深深的烙印。

然后，你回到家里，在脑海里不断重温这段经历。每一次这样做的时候，你都会想起老板脸上那充满指责、令人害怕的表情，想起他如何对你大吼大叫，想起他说的话，甚至他的味道。然后你再次感到恐惧和愤怒，大脑和身体内再次产生同样的化学物质，就好像当时的遭遇仍在继续。因为你的身体认为自己正在反复地经历同一事件，你被调整到了一直活在那段过去中的模式。

我们不妨对这种情况做进一步分析。把我们的身体看作无意识状态下的"意识"，或视为执行意识在清醒状态中所下命令的"客观的"仆人。它是如此客观，甚至不知道因外在世界真实经历而产生的情绪，与由你的意念伪造、存在于内在世界中的情绪之间，到底有何区别。对身体而言，它们是一样的。

如果这种"我被背叛了"的思维－感觉循环圈持续数年都无法终止，会发生什么呢？如果你老是想着和老板之间的那段不快经历，或者不断重温那些熟悉的不适感受，日复一日，你就是在不断地向身体发送信号，让它产生与那段过往联系在一起的化学物质。这种连续不断的化学链骗得身体相信，它依然在经历当时发生的事件，所以它会不断再现相同的情绪体验。当你记忆中的意念和感受始终如一地逼着身体"存在于"过去时，我们就可以说，身体已经变成了过往的记忆。

如果你的意念被记忆中的背叛感驾驭了很多年，那么你的身体就一天 24 个小时、一周 7 天、一年 52 周都活在过去。最后，你的身体就像一艘抛锚的船，被搁浅在过往岁月里。

你会知道那是怎么回事——当你反复地再现同一种情绪，直到再也无法用超越自身感觉的方式思考，你的感觉就变成了思考的手段。而且，由于你的感觉就是对过往体验的记录，你的思考也被困在了过去。按照量子法则，你创造了更多过去。

最重要的是：我们大部分人都活在过去，拒绝活在全新的未来。为什么？因为身体太习惯于去记住那些过往体验留下的化学记录，已经与那些情绪密不可分。确切地说，我们变得对那些熟悉的感受上瘾了。所以，当我们想要展望一下未来，梦想一下离我们并不遥远的现实中的全新天地与风景时，我们那以感觉为通用货币的身体就会拒绝这种方向性的骤然改变。

要完成这么大的转变，需要个人付出极大的努力。有很多人在为创造新的命运而奋斗，但他们发现，自己无法克服过往记忆的阻碍——即那些关于自己感觉自己是什么人的记忆。即使我们渴望未知的冒险，渴望前方未来中那充满无限可能的梦想，却像强迫性行为似的，不由自主地反复重访过往。

那些感受与情绪并不是什么坏东西。它们是各种经历的最终产物。但是，如果我们总是去重现同样的经历，就没有办法拥有新的经历。你是否见过那种似乎总是在谈论"过往美好时光"的人？其实，他们真正想说的是："生活已经没有什么新花样能够刺激我的感觉了，所以我不得不从过往的辉煌中寻求对自己的再次肯定。"如果大家相信我们的意念与自己的命运有关，那么你会发现，作为创造者，我们中的大多数人都只是在徒劳无功地兜圈子。

控制我们的内在环境：有关基因的传说

到目前为止，在讨论"现实世界的量子模型是如何与改变相关"这个问题时，我花了很多时间在讲我们的情绪、大脑和身体。我们已经知道，如果想打破自己的存在习惯，战胜那些存储在身体中并反复出现的意念和感受是必经之路。

打破存在习惯的另一个重要方面与我们的生理健康有关。当然，在大部分人想要的生活改变中，如果要按照重要程度分出等级，健康问题必然遥遥领先。既然谈到我们想对自己的健康做出的改变，那就必须提到一些不得不去审查及消除的教条——"基因制造疾病的"传说和"基因决定一切"的谬论。我们还会讨论一下一个可能对你来说全新的科学理论——表观遗传学（epigenetics）。表观遗传学研究的是从细胞外部对基因进行控制，更确切地说，是研究如何在 DNA 序列不发生改变的情形下改变基因功能。

随着我们讨论的深入，你会发现，了解自己的基因，知道是什么在向它们发出信号，要求它们表达什么或不表达什么，是理解为什么你必须由内而外改变自己的关键。

科学论断曾经宣称，我们的基因要为大部分疾病负责。后来，大约二三十年前，有科学团体不经意地提到，它们过去的说法有误，并宣称环境才是导致疾病的最大诱因——利用活化或去活化某些特殊基因的方式。现在我们知道，目前只有不到 5% 的疾病是源于单基因异常（如家族黑蒙性白痴病及亨丁顿舞蹈症），而 95% 的疾病与生活方式、长期压力及环境中的有害因素相关。

然而，外在环境因素只是全部诱因中的一部分。怎么解释为什么两个人暴露在同样有害的环境条件下，却只有一个人感到不适或生病而另一个人安然无恙？怎么解释一个有多重人格障碍的患者，其中一个人格表现出对某种东西的严重过敏症状，而另一个人格却对相同的抗原或刺激免疫？为什么大部分医护人员每天都暴露在各种病原体中，却没有不断地生病？

还有数不清的围绕着同卵双胞胎（共享同样的基因）而展开的研究案例，按照记载，在健康及寿命方面，这些双胞胎的境况有很大的不同。例如，如果一对双胞胎有某种特殊疾病的家族史，这种疾病往往只在其中一个人身上出现，而另一个则没有。基因相同，结果却大相径庭。

在所有这些案例中，有没有这样一种可能：那个一直保持健康状态的人有着一个连贯、平衡、充满活力的内部秩序，即使他或她的身体暴露在有害环境下，外部世界也对他或她的基因表达束手无策，所以不能向基因发送信号，让它们制造疾病？

外在环境会影响我们的内在环境，事实确实如此。但是，通过改变内部存在状态，我们是否能够战胜一个充满压力或有害因素的外部环境，不让特定的基因被激活？我们可能无法控制所有的外部环境条件，但还有另外一个选择——去控制我们的内部环境。

基因：过往环境的记忆

为了解释如何才能控制自己的内在环境，我需要先谈一点有关基因性质的话题。当细胞制造出特异性蛋白质——生命的构造基石——的时候，基因就在我们的身体里得到了表达。

身体是一个蛋白质生产工厂。肌肉细胞负责制造被称为肌动蛋白和肌球蛋白的肌蛋白质类，皮肤细胞负责制造被称为胶原蛋白和弹性蛋白的皮肤蛋白质，胃细胞负责制造被称为酶的胃蛋白。身体的大部分细胞都会制造蛋白质，基因就是我们制造这些蛋白质的手段。我们采用让特定的细胞制造特殊蛋白质的方法，来完成特殊的基因表达。

大多数生物体适应环境条件的方式是逐步进行基因改变。例如，当一种生物面临着艰苦的环境条件时，如极端的气温、危险的捕食者、不易捕捉的猎物、破坏性的强风、强气流等，为了生存，这种生物将被迫克服这些不利因素。随着该生物逐渐将应对这些不利因素的经验记录到大脑的神经连接及身体的情绪中，它们就会随着时间慢慢改变。如果狮子一直追逐那些比它们跑得快的猎物，并且一代又一代地主动加入这种追逐，通过不断地重复，他们就会发展出更长的腿，更尖利的牙齿，以及更强大的心脏。所有这些改变都是基因造成的结果——因为它们在不断制造能够让身体发生改变、更能适应环境的蛋白质。

让我们在动物世界多停留一会儿，看看这种基因改变在动物的适应或进化过程中是如何发挥作用的。假设一群哺乳类动物迁徙到一个气温在零下 26 摄氏度到零下 40 摄氏度之间的环境中。在这种极度寒冷的气候条件下生活了很多代后,它们体内的基因最终会发生改变,制造出一种全新的蛋白质,这种蛋白质会让它们长出更厚实、更浓密的皮毛(毛和皮都是蛋白质)。

有无数的昆虫类进化出了伪装自己的能力。有一些生活在树木或其他植物上的昆虫会让自己看起来就像小枝条或刺,这种伪装可以帮助它们逃脱鸟类的注意。变色龙大概是最有名的"伪装者",它们的变色能力也要归功于蛋白质的基因表达。在这些进化过程中,基因对外在世界的环境条件进行了编码。这就是进化,不是吗?

表观遗传学表明:我们可以让基因改写未来

我们的基因和我们的大脑一样,都是可以改变的。最新的遗传学研究表明,不同的基因会在不同的时刻被激活——它们一直处于不断变化、不断受影响的过程中。有些基因具有经验依赖性,会在成长、治疗或学习过程中被激活;有的基因具有行为状态依赖性,会在承担压力、情绪唤醒或做梦时被激活。

当今最活跃的研究领域之一就是表观遗传学(其字面意思就是"遗传学之上"),这是一门研究环境如何控制基因活性的学科。表观遗传学是对传统基因模型的挑战,因为传统基因模型认为 DNA 控制着生命的一切,认为所有的基因表达都是在细胞内发生的。在这种观念中,我们的未来是注定的、可预见的,我们的命运成了基因传承的牺牲品,所有的细胞生命都是早已决定的，就像那个自动化的"机器中的幽灵"①。

事实上，DNA 表达中的表观遗传变化可以被传给未来的后代。但是，如果 DNA 密码一直都是相同的，它们怎么才能被传下去？

我们不妨把基因序列和一张蓝图相比较。假设你要建一幢房子，就需要从蓝图开始。你把这张蓝图扫描到自己的电脑里，然后用 Photoshop 进行处理。你可以在不改变蓝图的前提下，在电脑上改变其外观，修改一些特性。例如，你可以更改一些变量的表达方式，例如颜色、大小、比例、尺寸、材料等。千千万万人（代表环境变量）可能会做出千千万万种图像，但这些图像依然都是同一张蓝图的表达。

表观遗传学让我们能够更深刻地去思考这些变化。这种新的研究范式让我们可以按照自由意志去激活自己的基因活动，去修改自己的遗传命运。为了便于举例并简化其解释，当我在探讨用不同表达方式来使一种基因活化时，我用的说法是"开启它"。在现实中，基因是不会开启或者关闭的，它们是被化学信号激活的，它们表达自己的具体方式就是制造不同的蛋白质。

只要改变意念、感受、情绪反应及行为（例如，按照营养标准和实际压力水平选择更健康的生活方式），我们就是在向细胞发出新的信号，它们就可以在不改变基因蓝图的前提下，表达出新的蛋白质。所以，虽然 DNA 密码是不变的，但一旦某个细胞被新的信息以一种新的方式激活，它就可以创造出成千

_____

① 喻指身心有别或身心独立论，通常是二元论的批评者用来指代身心有别论的贬抑用语。——译者注

上万个相同基因的变种。我们可以向自己的基因发出信号，让它们去改写我们的未来。

旧存在状态的持续让我们陷入不想要的遗传命运

正如我们大脑的某些部位是基本固定的，而另一些部位则更具可塑性（能够被学习和经验改变）一样，我认为基因也是如此。在我们的遗传基因中，有一部分更容易被激活，而其他的基因系列则不知为何更加稳定，它们更难被激活，因为它们在我们的基因史中存在的时间更长。至少，目前科学是这么解释的。

我们是怎么做到让某些基因被激活，而另一些则按兵不动的呢？如果我们让自己停留在同一种对人有害的愤怒状态、令人忧郁的抑郁状态、令人不安的焦虑状态或令人消沉的无价值感状态中，前文提到的那些过多的化学信号就会不断地按下同一个基因按钮，最终导致某些疾病的出现。你将了解到，紧张的情绪确实会触动基因的扳机，让细胞变得异常（**变得异常指生理调节机制受到损害**）并导致疾病。

如果我们在人生大部分时间里都以同样的方式去思考、感觉，存储下来的全是熟悉的存在状态，那么我们的内在化学状态就会不断激活相同的基因，这就意味着，我们在持续地制造同样的蛋白质。但是，我们的身体无法适应这些重复的要求，开始出现故障。如果我们在 10 年或者 20 年的时间里都这样做，基因就会一点点损耗，它们开始制造"较低成本"的蛋白质。我想表达什么意思呢？想一想，当我们年老的时候，身体会发生什么改变。我们的皮肤会松弛下垂，因为皮肤中的胶原蛋白和弹性蛋白逐渐由成本更低的蛋白质构成。我们的肌肉又如何呢？它们萎缩了，嗯，这也没什么好奇怪的，因为肌肉中的肌动蛋白和肌球蛋白也是蛋白质。

我们来做一个类比。汽车厂加工的汽车零部件都是在模具中制作出来的。这个模具每使用一次都要承受一定的作用力，包括高温和摩擦，这让模具逐渐损耗。你可能知道，汽车零部件之间的公差（指的是工件尺寸被允许的差异范围）非常小。随着时间推移，这个模具的损耗达到了其生产的零部件无法与其他零部件正确匹配的地步。这和身体出现的变化类似。压力或反复且长期陷入愤怒、恐惧、悲伤等情绪所产生的结果，就是被多肽用来制造蛋白质的 DNA 开始发生故障。

如果我们一直停留在日常的、熟悉的环境里——通过做同样的事情、想同样的念头、见同样的人群来创造同样的情绪反应，按照记忆中的模式将生活过得毫无悬念、毫无新意，会有什么样的遗传影响呢？这时我们会朝着一个并不乐见的遗传命运前进，我们被禁锢在一个与之前数代人相同的模式中，世世代代面对的是相似的情境。如果我们只顾着再去体验那些属于过去的情绪记忆，走向的就是一个可以预知的终点——我们的身体创造出的基因条件将与从前数代人的完全一样。

因此，只要我们的感受日复一日保持不变，我们的身体也会保持不变。如果科学告诉我们，是环境向那些涉及进化的基因发出了信号，那假如我们的环境从不改变，又会怎么样？假如我们记住的是同样的外部条件，按照同样的意念、行为及感受活着，又会怎样？假如我们生活中的一切都保持不变，又会怎样？

大家已经了解到，外界环境是通过某种体验产生的情绪向基因发送化学信号的。所以，如果你的生活体验没有发生改变，发送给基因的化学信号也不会有任何改变。也就是说，没有任何来自外界的新信息抵达你的细胞。

量子模型坚持认为，我们可以用情绪向身体发送信号，并且可以在没有任何与此情绪相关的实际体验发生前，就更改一系列基因。我们不需要真的赢得比赛、中了彩票或升职加薪，就能体验到这些事件让我们产生的情绪。记住，我们可以只用意念就创造出某种情绪。我们可以在能让自己产生喜悦或感恩情绪的环境真正出现之前，就体验到这些情绪，因为我们让身体相信它正"处于"那样的环境中。这样的话，我们就可以向基因发送信号，要求它们制造出新的蛋白质让身体发生改变，使得身体比当前的环境先行一步。

积极的精神状态能否产生更健康的基因表达

下面我们举个例子，说明当我们开始用情绪接纳一个尚未发生的未来事件时，是如何用新的方式向新的基因发送信号的。

日本做了一项研究，目的是了解一个人的精神状态对疾病可能有哪些影响。实验对象是两组Ⅱ型糖尿病患者，他们的病情都需要靠胰岛素来稳定。请记住，大部分糖尿病人都用胰岛素作为治疗手段，将糖（葡萄糖）从血管中清除并将其贮存在细胞里，当作能量使用。在研究进行的过程中，这些实验对象被给予胰岛素药物或注射，以帮助他们控制体内升高的血糖水平。

在实验开始时，所有被试都测量了空腹血糖水平，建立了各自的基线。接下来，研究者让实验组观看一个小时的喜剧表演，让对照组观看一个枯燥乏味的演讲。然后，让所有被试享受一顿美味大餐，吃完后再次测量他们的血糖水平。

在欣赏戏剧表演和观看乏味演讲的两个组之间存在着显著性差异。平均起来，那些观看演讲的被试血糖水平升高了 123mg/dl——高到需要注射胰岛素来帮助他们脱离危险。而在充满欢乐的那一组，也就是笑了整整一个小时的那些被试，他们餐后的血糖升高水平只有另一组的一半（只稍微超过正常值）。

刚开始的时候，进行该项实验的研究人员认为，这些心情轻松的被试血糖水平之所以会更低，是因为他们在大笑时不断收缩腹部和膈膜的肌肉。他们推论说，肌肉收缩时会消耗能量——而循环能量正是葡萄糖。

但科学家进行了更深入的研究。他们检查了那些快乐被试的基因系列，发现这些糖尿病人仅靠观看喜剧表演时的欢笑就改变了 23 种不同的基因表达。他们高昂的精神状态显然触发了他们的大脑，使大脑向细胞发出了新的信号，激活了基因变异，正是这些变异让身体开始调节那些负责处理血糖的基因。

这项研究清楚地表明，我们的情绪可以"开启"一些基因系列，也可以"关闭"另外一些。这些欢笑的被试仅凭用新的情绪向身体发出信号，就更改了他们的内在化学物质，达到了改变基因表达的效果。

　　有时候，基因表达的改变可能会很突然、很有戏剧性。你是否听说过，有些人在某种极端压力条件下，竟一夜白头？这是一个基因突然发挥作用的例子。他们经历了如此强烈的情绪反应，以至于体内被改变的化学物质在数小时内"开启"了白发的基因表达，"关闭"了他们头发正常颜色的基因表达。他们用情绪的方式——因而也是化学方式——向新的基因发出了改变自己内在环境的信号。

　　正如我在上一章讨论过的，当你在脑海里对某个事件的所有方面都进行无数次心理演练，用这样的方式来"体验"这个事件时，就会在该事件还没真正发生前，就体验到它会带来的所有感觉。于是，随着你用新的思考方式改变了自己的神经回路，随着你在某个事件尚未真实呈现之前就体验到了该事件会带来的情绪，你很有可能会从基因上改变自己的身体。

　　你是否能够在一个事件实际发生之前，就从量子场中挑出这个可能性（顺便说一声，所有的可能性都已经存在于量子场中了）并产生属于这个事件的情绪？你是否能够一次又一次地这样做，直到在情绪上将身体调整到新的意识状态，从而用新的方式向新的基因发送信号？如果答案是肯定的，那么你就极有可能将自己的大脑和身体塑造成一种新的表达模式……所以，它们会在你想要的潜在现实出现之前，就率先完成生理上的改变。

改变你的身体：何需举手之劳

　　我们或许会相信，可以通过意念改变自己的大脑，但是，意念又能对身体产生什么影响呢（如果有的话）？只需对某个活动进行简单的心理演练，不需举手之劳，我们就能从中获得巨大的好处。下面我们举一个例子，来看看这种情况是如何真实发生的。

1992 年的《神经生理学杂志》（*Journal of Neurophysiology*）上，有一篇文章描述了一个实验，在这个实验中，被试们被分成了 3 个小组。

- 实验者要求第一组被试练习伸缩左手的手指——即握紧拳头，然后再松开，训练时间为期四周，每周 5 次，每次一个小时。
- 第二组被试按照同样的时间表对同样的动作进行心理演练，但不需要在生理上激活手指上的任何肌肉。
- 对照组既不进行实际手指锻炼也不进行心理演练。

实验结束的时候，科学家比较了一下最后的结果。首先，他们将第一组被试手指力量测试的结果和对照组进行比较。不用动脑子就知道结果会怎样，对吧？实际锻炼那一组的手指力量比对照组强 30%。我们都知道，如果你反复让一块肌肉承担负荷，它的力量就会增强。但我们可能预料不到的是，进行心理演练的那一组也增加了 22% 的肌肉力量！所以，意念对身体产生了可以量化的影响力。换句话说，身体在没有任何实际生理体验的情形下，发生了明显的改变。

正如我们前面提到的弹钢琴实验——科学家让被试心理演练指法练习，还让另一些人在想象中练习音阶。还有人做过实验，对实际练习哑铃弯举和心理演练这项锻炼的两组被试进行了比较，发现结果是一样的。不管被试是实际练习了哑铃弯举还是只对这项活动进行了心理演练，肱二头肌的力量都明显增强了。那些心理练习者在根本没有任何实际生理体验的情况下，表现出了某些生理变化。

身体仅凭意念或者心理上的努力，就发生了生理学/生物学上的改变，如同某个体验已经发生了，从量子角度看，这正好证明该事件已经在我们的现实世界中露出端倪了。如果大脑将自己的硬件升级，使得这个体验看上去已经实际发生了，并让身体发生了基因或生物改变（即提供证据表明该体验发生了），无须我们在三维空间"做"任何事情，大脑和身体就都不同了，如此一来，这个事件就相当于在意识的量子世界和现实的物质世界中都发生了。

当你一遍遍地用意念预演一个未来的现实，直到大脑发生实际改变，仿佛它已经有了这种体验；当你一遍遍地在情绪上拥抱一个新的意愿，直到你的身体发生改变，如同它已经有了这样的体验，这时候一定要坚持……因为这就是那个梦想事件发现你的关键时刻！它会以你最意想不到的方式到来，它会激励着你，让你一遍遍去重复这个过程。

第四章

战胜时间

　　描写"活在当下"有多么重要的作品已经太多了。然而，让人们活在当下这一刻真的是太难为他们了，我可以引用各方面的数据——从驾驶分心到离婚现象——来支持这种说法。在此，我想用量子术语来描述这个概念，为这个知识体系添砖加瓦。在当下这一刻，所有潜在的可能性都同时存在于量子场中。当停留在当下时，当存在于"这一刻"时，我们可以超越时间与空间，可以把这些可能性中的任何一个变成现实。但是，当我们与过去形成了固定连接时，这些可能性就荡然无存了。

　　大家已经知道，当我们试图改变时，我们的身体反应很像那些瘾君子，因为我们已经对自己熟悉的化学状态上瘾了。你心里很清楚，对某种东西成瘾时，你的身体就像有了自己的意识一样。当往事激发了与原始事件相同的化学反应时，你的身体就会以为它正在经历同一个事件。一旦身体在这个过程中被调教成你的潜意识，它就替代了意识——也就是说，身体变成了意识，从某种意义上说，它有了自己的思维。

在讨论"思维-感觉"与"感觉-思维"的循环圈时，我只是简单提到了身体如何变成意识的问题。不过，还有一种方式会导致这种情况的发生，它是以过往的记忆为基础的。

具体情况是这样的。首先，你有了某种体验，这种体验带着情绪电荷。接下来，你会对那件特殊的往事产生一个意念。这个意念变成了记忆，然后反射性地再现那种体验带来的情绪。如果你不断地、反复地想起那段记忆，那个意念、那段回忆和那种情绪就会融为一体，你就把这种情绪"存储"起来了。此时，"活在过去"变得不再是意识化的过程，而更像是一种潜意识程序。储存情绪的过程如图 4A 所示。

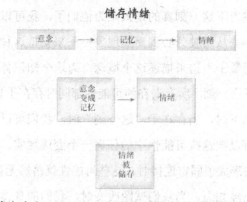

图 4A　意念产生一段记忆，而记忆创造一种情绪。最后，意念变成了记忆，随后又变成了情绪。如果这个过程重复地次数够多，意念就成为记忆，记忆就成为情绪。就这样，我们存储了情绪。

潜意识中包含了大部分发生在我们的意识觉察范围之外的生理、心理过程。它的很多活动都与身体功能的运行有关。科学家将这个调节系统称为"自主神经系统"。我们用不着有意识地去想该怎么呼吸、怎么让心脏持续跳动、怎么让体温降低或者其他无数帮助身体保持有序状态、自愈能力的程序中的任何一个。

我想，大家应该明白，将我们对日常情绪反应的控制权拱手让给记忆和环境，即那个自动化系统，潜在的危险有多大。这一整套潜意识常规反应已经从不同角度被比作自动驾驶系统和电脑的后台运行程序。这些类比想表达的意思是：在我们的觉察范围之外，有些东西正在操纵着我们的行为。

让我们举个例子，对这些观点进行补充说明。假设在你年轻的时候，某一天你回到家，发现自己最喜欢的宠物死在地板上。那段经历给你留下的感官印象，会随着那个场景的每一个细节，像烙铁一样深深印在脑子里。这种体验让你害怕。

有了像这样的创伤性经历，你就会很容易理解那些情绪是如何变成连自己都意识不到的、存储在记忆中的反应，当环境中有什么东西让你想起心爱的宠物时，这些反应就会被触发。现在你知道，当想起那段经历时，你的大脑和身体就会产生与当时一样的情绪，就好像将往事从头再经历了一遍。只需要一个偶然的念头、一个对外界某个事件的反应，就能将这个程序激活——你开始感受到过往的悲伤。而触发由头可能是一条看上去像自家爱犬的狗，或者到了一个你曾在它幼年时带它来过的地方。不管感官输入是什么，它都会激活一种情绪。这种情绪调动可能是显而易见的，也可能是不易觉察的，但它们都能在潜意识层面影响你，并让你在还没来得及处理发生的一切之前，就被带回了那种悲恸、愤怒的情绪/化学状态。

一旦这种情况发生了，身体就主宰了意识。你可能会运用自己清醒的意识，试图摆脱那种情绪状态，却总是感觉力不从心。

我们不妨想想巴甫洛夫和他的狗。19 世纪 90 年代，这名年轻的科学家将几条狗绑在一张桌子上，每次摇响铃铛，他就会让这些狗享用一顿丰盛的食物。随着时间的推移，在反复让这些狗接受了同样的刺激后，只要巴甫洛夫摇响铃铛，狗狗们就会为预期中的食物流下口水。

这就叫"条件反射"，这个过程是自动发生的。为什么呢？因为身体开始自动做出回应了（想想我们的自主神经系统）。这种在片刻之间被触发的级联式化学反应从生理上改变了身体，而且是在潜意识层面发生的——只有很少或完全没有意识的参与。

这就是改变如此艰难的原因之一。你清醒的意识可能是停留在当下的，但潜意识中的"躯体化意识"是活在过去的。如果我们根据对过往的记忆预期某个未来事件会发生，那就和那些狗一样了。过往某个特定的时间、地点和某个特殊的人或物带来的体验会自动地（或自主性地）引发我们的生理反应。

一旦打破那些根植于过往的情绪成瘾性，就不会再有任何硬拉着我们、逼迫我们回到旧日自动化程序的牵引力了。

现在大家应该理解了为什么尽管我们"认为"或"相信"自己是活在当下的，身体却极有可能停留在过去。

情绪→心境→气质→人格特点：让身体活在过去

不幸的是，对于大多数人来说，因为大脑总是通过重复和联想来工作，所以并不需要严重的创伤才会产生那种"身体变成意识"的结果。大多数微小的情绪扳机就能够触发那些超出我们掌控的情绪反应。

例如，有一天，在开车上班的途中，你停在那家常去的咖啡店门口，却发现你最喜欢的榛果口味没有了。你很失望，嘟嘟囔囔地对自己抱怨说，这么大的企业，居然会犯这种让受欢迎的口味库存不足的错误。到了工作单位，你恼火地发现，另外一辆车正泊在你原有的停车地点。这还没完，当你踏进空无一人的电梯时，气急败坏地发现，有人在你前面按下了所有楼层的按钮，你不得不一一调整。

当你终于踏进办公室，有人问："怎么了？你看起来情绪不佳啊。"

你诉说了自己的经历，对方表示同情。你最后总结说："我心情坏透了。我要摆脱这种心境。"

而事实是，你没能摆脱。

心境是一种化学存在状态，通常是短期的，它是情绪反应的延长表达。环境中的某个事物——在这个例子中，是咖啡师没能满足你的要求，以及紧接着的几件小小的烦心事——引发了一连串的情绪反应。负责这种情绪的化学物质不会立刻耗尽，所以它们的效果会持续一段时间。我把这种现象叫作"不应期"，即化学物质首次释放后直到效果消失的那段时间。显然，不应期越长，你对那些感觉的体验就越久。当一种情绪反应的化学不应期持续了数小时到数天之久，那就是心境（mood）。

被触发的心境一直持续的话，会发生什么呢？你会从那天开始就处于一种情绪低落的状态，当你在员工会议上举目四顾时，心里想的全是这类消极念头：那人的领带丑得触目惊心；老板的鼻音就像黑板上的钉子一样让人难以忍受。

到了这个时候，你的状态就不再是某种心境了。你体现出了一种气质（temperament）——通过某些行为表现出来的、对某种情绪的习惯性表达倾向。气质是一种不应期持续数周到数月不等的情绪反应。

最终，如果你让一种情绪的不应期持续数月到数年之久，这种倾向就会变成人格特点（personality trait）。此时别人将把你描述为"尖刻""脾气大""易怒"或"挑剔"。

所以，我们的人格特点通常建立在过往情绪的基础上。在绝大多数时候，人格（我们的思考、行为及感觉方式）是被锁定在过往的。因此，要改变人格，我们必须改变那些存储的情绪，必须从过去走出来。不同不应期的发展进程如图 4B 所示。

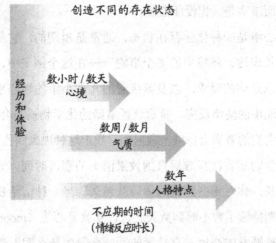

图 4B   不同不应期的发展进程。某种经历会形成情绪反应，这种情绪反应会变成心境，心境会转变为气质，最终转变为人格特点。

而我们作为个人，会将自己的情绪反应存储起来，最终活在过去里。

如果活在可预知的未来，我们同样无从改变

此外，还有另外一种方式会让我们陷入僵局，让改变显得遥不可及。我们可能会把身体训练成一种意识，这种意识以过往已知的记忆为基础，让我们活在一种可预知的未来——我们也会因此而再次错过宝贵的"当下"时光。

如你所知，我们可以把身体调整到"活在未来"的模式。当然，当我们清醒地做出有意识的选择，把注意力倾注在梦想中的新体验上，这种"活在未来"的模式可以是一种让生活变得更好的手段。如果我们专注于某个渴望的未来事件，然后详细计划该做哪些准备或采取哪些行动，就会在某个时刻清晰地看到并全身心地投入那个可能的未来，使得使我们脑子里想着的意念开始变成体验本身。一旦意念变成经验，最终产物就是情绪。当我们在那个事件发生之前就体验到它会引发的情绪，身体（作为无意识状态下的"意识"）就会按照事件正在真实进行的方式做出反应。

另一方面，如果我们在过往记忆的基础上，开始预期一些不想要的未来体验，甚至执着于某些极度糟糕的场景，会发生什么呢？我们依然在程序化自己的身体，让它去体验某个尚未发生的未来事件。此时身体不再停留在当下或逗留在过去，它活在未来里——但这个未来是建立在过往情绪基础上的。

当这种情况发生时，身体并不知道现实中真实发生的事件和我们正心理演练的事件之间有何区别。因为不管想象中将要

到来的是什么，我们已经将身体调到了精神抖擞前去迎接的模式，所以它做好了一切准备。我们的身体以一种非常真实的方式投入到那个事件中去了。

举一个活在未来的例子——这个未来是建立过往之上的。假设你将在 350 人面前做一个演讲，但你很害怕站在台上，这种害怕是建立在过往记忆的基础上的，因为很久以前，你的公开演讲经历就是一场彻头彻尾的灾难。只要一想起即将到来的演讲，你眼前就会出现自己站在台上结结巴巴、不知所云的情景。你的身体开始有了反应，就像这个未来情景正在真实展开，你的肩膀开始紧张，心跳加速，汗出如浆。当在心里预期那可怕的一刻时，你"已经"让自己的身体活在了那个充满压力的现实中。

可能会再次失败的念头紧紧缠住了你，让你深陷其中无法自拔，你的注意力完全放在了那个预期的现实上面，无力顾及其他。你的意识和身体在两个极端之间来回摇摆——一会儿是过去，一会儿又是未来。结果，你让自己失去了获得一个美好未来、一个全新结果的机会。

让我们再举一个更具普遍性的例子，用来说明活在可预知的未来是什么情形。假设在很多年内，你每一天醒来都会自动进入同一套无意识行为模式。你的身体已经习惯性地预期所有日常的行为，达到了几乎机械化地从一个任务切换到下一个任务的程度——喂狗、刷牙、穿衣服、沏茶、扔垃圾、拿邮件……尽管在早上醒来的时候，你可能想着做点什么不一样的事情，但不知道为什么，你发现自己还是老样子，干的还是老一套，搞得自己好像只是个搭顺风车的，一点自主意识都没有。

在把这类行为深深刻在记忆里几十年后，你的身体已经被训练得一直"盼望"着去做这些事情了。事实上，你的身体已经在潜意识里被程序化为活在未来的模式，这样一来，你就可以在方向盘后睡大觉了……我们甚至可以说，你已经不再驾驶这辆车了。此时，你的身体已无法停留在当下这一刻。它已经做好准备，要通过运行一大堆无意识程序来控制你，而你，只能坐在那里，任由身体当家做主，朝着某个平淡乏味、毫无悬念的命运驶去。

要想战胜那些近乎自动化的习惯，就不要再去预期未来，你需要具备以超越时间的方式活着的能力。

如果活在过去，过去就是你的未来

下面我们再举一个例子，证明熟悉的情绪会如何创造一个与之对应的未来。你接到同事的邀请，7月4日一起去烤肉，你们部门的每个人都会参加。你不喜欢这次聚会的主人，因为他一直是那种"老子天下第一"的人，而且不介意让所有人都知道这一点。

以往他组织的每一次活动，你都紧张得要命，而且总是狼狈不堪，因为这个家伙总是会把你所有的痛处都踩个遍。在驱车前往对方住处的途中，你脑子里浮现的全是上一次聚会时的场景：他打断所有人的进餐，就为了向他的妻子送上一台新宝马汽车。在这次野餐前整整一周的时间里，你一直对搭档说，你敢肯定这一天将会是倒霉的一天。事实也的确如此：你闯了个红灯，得到一张罚单；一个同事把啤酒洒在了你的裤子和衬衣上；你要的七八分熟的汉堡几乎是夹生的。

鉴于你一直以来的态度（你的存在状态），又凭什么期待事情能向另一个方向转变呢？你早上一醒来就预期这一天将是一场恐怖表演，事实证明的确如此。你在对一个不想要的未来的执念和活在过去的状态中来回，所以创造出更多雷同。

如果从现在开始就追踪自己的意念，并将它们写下来，你会发现，在大部分时间里，自己不是在思考未来就是在回顾过往。

在宝贵的当下时光，活出你梦想的未来

所以，我们要说说另一个大问题了：如果你已经知道，只要活在当下并割裂或调整与过去的联系，就可以接近量子场中所有可能的结果，那为什么你依然选择活在过去并不断为自己创造同样的未来呢？为什么你不去做那些完全有能力做到的事情，让自己在梦想成真之前就发生改变？为什么你不选择在此刻就活在你想要的未来，让自己走在时间的前面？

与其执着于某个因过往经历而让你担心会在将来发生的创伤事件或应激事件，不如投入到某个你还没有在情绪上体验过的、内心渴望的全新经历。让自己"此刻"就活在那个可能的新未来里，直到身体开始接受或相信，你正在当下这一刻体验未来某个结果所引发的积极情绪。（你会学会怎么做的。）

历史上那些伟大的人物向我们展示了这一点，同时也有成千上万所谓的普通人做到了，所以，你也一样可以。你拥有足够强大的神经机制去超越时空，并将此变成一项技能。有的人

可能会称之为奇迹，而我只想把它当作一个案例来描述：有的人为了改变自己的存在状态而不懈努力，最终让身体和意识不再只是过往留下的记录，而是将它们变成一对积极主动的最佳拍档，朝着一个全新的、更美好的未来大步迈进。

超越"三元"：高峰体验与普通体验都能改变意识状态

到了此时，你应该已经明白，打破自己存在习惯的主要障碍，就是你受制于环境、身体、时间的思考和感觉方式。因此，在你为本书中将要介绍的冥想做准备时，你的第一个目标就是学会以超越"三元"（即环境、身体和时间）的方式去思考、感觉。

我敢打赌，在生活中的某些时刻（甚至可能是经常性的）你已经可以做到以超越环境、身体和时间的方式思考。你超越"三元"的那些时刻，就是有人称之为"意识流"的状态。有无数的方式来描述这种状态——我们对周围的环境、自己的身体以及时间流逝的感觉统统消失，完全"迷失"在这个世界。在向来自世界各地的听众做演讲时，我曾经要求他们描述一些"创造性"的时刻。例如，当他们被手头的事务耗得精疲力竭或者因无事可做而备感放松时，似乎进入了一种完全不同的意识状态。

这种体验一般分为两类。第一种是所谓的"高峰体验"，就是我们心目中的超常时刻。与高峰体验比起来，其他的体验可能显得更世俗、更普通，也更平淡无奇——但这并不意味着它们不重要。

在撰写这本书的过程中，那种更普通的超常体验我经历过很多次（虽然次数没有我希望的多）。当我第一次坐下来写作时，常常在脑子里想着别的事情——繁忙的行程，等着我的病人、子女、同事以及自己的饥饿、困倦和喜悦。在状态好的日子里，我感觉文字就像从体内喷薄而出，我的双手和键盘似乎变成了意识的延伸。我意识不到手指的移动，也意识不到抵着后背的椅子。办公室窗外在微风中摇曳的大树消失了，脖子的僵硬也不再能引起我的注意，我全部的心神都倾注在了电脑屏幕的文字上。有时候，我发现一个小时或更久的时间似乎一眨眼就过去了。

这种事情很可能也在你的身上发生过——也许当时你正在驾车飞驰，欣赏电影，和喜欢的人一起享受美食、读书、编织、弹钢琴或者只是坐在安静的大自然里。

我并不知道你们的创造性体验是怎样的，但我常常会在体验过这种环境、身体、时间似乎消失的感觉之后，整个人不可思议地耳目一新、精神焕发。这样的时刻在我写作的时候并不经常出现，但在完成第二本书后，我发现它们出现的频率大大增加了。通过练习，我已经能够加以控制，这样一来，这些意识流的存在体验就不再像它们最初出现时那样意外和偶然了。

要摒弃过往意识，创造全新的意识，关键就是战胜"三元"，促使这种奇妙时刻的出现。

CHAPTER FIVE
第五章

生存 vs. 创造

在上一章中，我特意用自己写作的例子，对超越"三元"的概念进行了说明，因为当你写作的时候，你是在"创造"文字（不管是纸稿还是电子文档）。在你画画、演奏乐器、削木头或从事其他具有超越"三元"限制的活动时，这种创造性同样在起作用。

为什么停留在这些具有创造性的时刻如此困难？如果我们脑子里全是满心厌烦的过去或令人恐惧的将来，就意味着我们主要生活在压力之中——这是一种生存模式。无论是执着于健康（身体的生存）、忙于还贷款（房子等东西是生存需要，让我们免于暴露在恶劣环境中），还是没有充足的时间去完成生存所需的事情，我们大部分人都更熟悉那种我们称为"生存"、让我们上瘾的存在状态，而不是作为创造者在生活。

在我的第一本书中，我详细探讨了"生存"和"创造"的主题。如果你想得到对两者区别更充分的解释，可能需要详细阅读《进化你的大脑》第八章到第十一章。在接下来的篇幅中，我会简略地概括一下这两者的区别。

大家不妨在脑子里想象一种动物，思考一下这种动物在生存模式下的生活是什么样的。比如一头正闲适安逸地在森林里吃草的鹿。假设在这个时刻它正处于内在平衡状态——几近完美的平衡，但是，如果它察觉到外界正存在着某种危险——假设是捕食者——它的"战或逃"神经系统就启动了。这种交感神经系统是自主神经系统的一部分，自主神经系统是维持体内自动化功能的，如消化、体温调节、血糖水平控制等。为了做好应对紧急状态的准备，身体会发生化学改变——交感神经系统自动唤醒肾上腺，调集起大量能量。如果这只鹿被一群丛林狼追捕，它就会利用这些能量来逃跑。如果它能足够敏捷地全身而退，可能在 15～20 分钟后，当威胁解除，它就会重新回来安静地吃草，内在平衡也恢复了。

我们人类也有与此相同的系统。当我们察觉到危险时，也会有体内交感神经系统启动、能量聚集等表现，和鹿差不多是一样的。在人类早期历史中，这种令人惊叹的适应性反应让我们的祖先能够应对来自捕食者的威胁及其他危及生存的险境。在人类的进化过程中，这些动物性品质居功甚伟。

用意念触发人类的应激反应并将之持续下去

可惜，现代人类和生活在同一个星球的其他动物之间存在着一些差异，而这些差异对我们不太妙。每一次，当我们的身体失去化学平衡时，这种状态被称为"应激"。"应激反应"就是身体在被刺激得失去平衡之后的本能反应以及它为恢复平衡所做的努力。无论是在塞伦盖蒂平原看到了一头狮子，还是在杂货店撞见态度不友好的前任，抑或是因为赶不上会议而在高速公路上濒临崩溃，我们都会开启应激反应，因为这是我们对外在环境的本能反应。

　　和动物不同的是，我们具备只用意念就能将"战或逃的反应"开启的能力。而且，这种意念不一定要与当前环境中的东西有关。我们可以在对将来某个事件的预期中开启这种反应。更加不利的是，我们可以在重温一段不快的回忆时——这段回忆就像缝在织物上的东西一样，嵌在我们大脑的灰质中——产生同样的应激反应。

　　所以，当我们预期或回忆某个能引发应激反应的经历时，身体就存在于未来或过去。对身体尤其有害的是，我们会把这种短时间内的紧张变成一种长期持续的状态。

　　另一方面，据我们所知，动物并不具备人类这样的"能力"（或许我应该说是"障碍"）——即可以如此频繁、如此轻易地开启应激反应，以至于无法将其关闭。例如前面说到的鹿，它可以快乐地回去吃草，不会因为老想着几分钟之前发生的事而把自己搞得精疲力竭，更别提去纠结两个月前被一头狼追捕的事情了。反复出现的紧张状态对我们有害，因为没有生物体天生拥有这样的机制——可以在应激反应频频开启并长时间持续的情况下，还能处理好身体因此而遭受的负面影响。换句话说，没有生物可以长期生活在长期应激的状态中而安然无恙。当我们开启应激反应并无法将其关闭时，身体就会一步步走向某种类型的崩溃。

假设你不断地开启"战或逃的反应"，因为你认为生活中存在着某种威胁（可能是真的，也可能只是想象）。随着心跳加快，大量的血液被泵向四肢，你的身体失去了内在平衡，神经系统已经为你做好了去战斗或逃跑的生理准备。但是，让我们面对现实吧：你不可能逃到巴哈马群岛去，也不可能将那个让你紧张的可恶的诽谤者掐死——那太原始和野蛮了。所以，后果就是，你把心脏调节到了一直加速跳动的状态，前方等着你的可能是高血压或心律失常。

当你不断因某种紧急状态而调集所有的能量时，你的库存里还有什么？如果你不断将能量用于应对外在环境中的某个状况，那留下来供身体内在环境使用的能量就少得可怜了。在这种能量缺失的情况下，一直监控内在环境的免疫系统就无法满足身体生长和修复的要求。所以，你就生病了，可能是感冒、癌症，也可能是类风湿关节炎，等等（都是免疫介导性疾病）。

当你在头脑中想着某个压力事件时，就会发现人类与动物真正的不同之处：尽管都会体验到压力，但人类可以重复体验和提前体验到某种创伤性情形。来自过去、现在或未来的压力都能激发我们的应激反应，这种情况对人类造成的伤害是什么呢？如果我们内在的化学平衡总是被如此频繁地打破，最终这种失衡状态会成为常态。结果，我们就会逃不过遗传的宿命，而在大多数情况下，这意味着受某种疾病的折磨。

　　原因很明显，这是一种多米诺骨牌效应：我们在应对压力的时候，体内会释放出大量的荷尔蒙及其他化学物质，这可能会使某些基因的调节功能出现异常，进而导致疾病。换句话说，重复出现的压力按下了某些基因按钮，使得我们朝着自己的遗传宿命前进。所以，曾经是适应性的行为和有益的生化反应（战或逃），在这种情况下却变成了高度适应不良且有害的模式。

　　例如，当一头狮子在追捕你的祖先时，应激反应按照本来的设定被激发了——保护他们免受来自外部的侵害。这是适应性的。但是，如果在持续数天内——你都为升职的事情烦恼，过度关注自己要给上级管理层做的报告，或者担心医院里的母亲，这些压力情形会创造出与被狮子追捕相同的体内化学环境。

　　这个时候，你的应激反应就是适应不良。你在紧急模式下停留的时间太久了。"战或逃的反应"正在耗尽你的内在环境所需的能量。你的身体正在从免疫、消化、内分泌等其他系统窃取宝贵的能量，将其应用到你在与捕食者搏斗或逃离危险时所需用到的肌肉群上。但是，在你的实际情况中，这种能量只会对自己造成不利影响。

　　从心理角度说，应激状态下分泌的荷尔蒙如果过剩，就会造成一些不良的情绪，如愤怒、恐惧、嫉妒、仇恨，还会引发攻击性、挫折感、焦虑及不安全感，让我们体验到痛楚、折磨、悲伤、绝望及抑郁。大部分人会在多数时间内沉浸在负面的想法和感觉里。在我们当下的情境中发生的事情绝大多数都是负面的，这可能吗？显然不可能。之所以这么负面，是因为我们不是活在对压力事件的预期中，就是在通过回忆重新体验压力事件，所以，我们大部分的意念和感觉都被那些与压力和生存相关的强大荷尔蒙驱动着。

当应激反应被触发时，我们关注的只有三件事，在这个过程中它们是最重要的：

- 身体（必须保护好）；

- 环境（逃往何处才能摆脱威胁）；

- 时间（需要多长时间才能逃离威胁）。

活在生存模式下是人类受"三元"控制如此之深的原因。应激反应及其激发的荷尔蒙迫使我们专注于（并执着于）自己的身体、环境及时间。结果，我们开始将对"自我"的定义局限于物理领域。我们变得不再那么灵动、警醒、觉知、专注。

换言之，我们习惯于满脑子都是关于各种外界事物的念头。我们的自我认同变得与身体密不可分。我们被外在世界夺去了全部心神，因为化学物质迫使我们只去关注这些东西——我们的所有物、认识的人、要去的地方、面临的问题、不喜欢的发型、身体的各个部位、体重、与其他人在外形上的对比、有无时间或有多少时间……你所知的一切。我们心目中自己的形象也主要是以懂得什么、做过什么为基础。

活在生存模式会让我们把注意力完全放在那 0.00001% 的物质世界，而忽略其余那 99.99999% 的现实。

生存：以"某人"的身份活着

我们大部分人都奉行传统的观念，认为自己就是"某人"。当我们成为"某人"，成为活在生存模式下的物质自我，我们就忘记了自己真正是谁。我们受应激荷尔蒙的影响越深，它们引发的化学冲动就越会成为我们的身份认同。

如果我们只把自己视为物质的存在，就把自己的感知能力局限于生理感官。我们用感官知觉来定义现实的次数越多，任由感官知觉来为我们定义现实的情况就越严重。然后，我们就落入了那个"牛顿式"的思维窠臼，总是试图在过往某些经验的基础上预测未来。大家应该记得，牛顿式现实模型完全是为了预测某个结果。在这种模型下，我们所做的一切就是努力控制自己的现实，而不是投身于某种更伟大的东西。我们唯一要做的，就是努力生存。

如果现实的量子模型对一切的终极定义就是能量，那么为什么我们要把自己当作物质存在，而不是作为能量体去进行自我体验？我们可以看到，以生存为导向的情绪（情绪是动态的能量）是低频率或低能量的情绪。它们在一种较慢的波长范围内振动，因而也将我们局限于物质领域。正因为这种低频能量导致我们的振动更缓慢，所以我们变得密度更高、分量更重，更肉体化。也就是说，大部分是物质，少许为意识。生存情绪和高级情绪示意图如图 5A 所示。

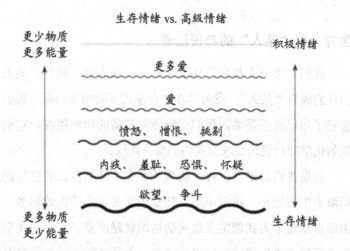

生存情绪 vs. 高级情绪

更少物质
更多能量

积极情绪

更多爱

爱

愤怒、 憎恨、 挑剔

内疚、 羞耻、 恐惧、 怀疑

欲望、 争斗

更多物质
更少能量

生存情绪

图 5A 最上方的高频波振动速度更快，因此更接近于能量的振动频率，与物质差别很大。沿着量表往下看，你会发现，能量波的振动频率越慢，就变得越"物质"。正因如此，生存情绪把我们变得更像物质，不那么像能量了，类似愤怒、憎恨、痛苦、羞耻、内疚、挑剔及欲望等情绪会让我们感觉更肉体化，因为这些情绪的频率更慢、更接近实体。不过，那些更积极的情绪，例如爱、愉悦和感恩的频率更高，这使得它们更接近于能量模式，与肉体／物质不一样。

所以，下面的说法或许是有道理的：如果我们抑制那些更原始的生存情绪，打破对它们的成瘾性，我们的能量频率就会更高，身体对我们的局限性就更小。按照这种说法，我们就能用某种方式将身体"变成"意识时所占用的能量从身体中解放出来，释放到量子场中。随着情绪变得更积极，我们也将自然而然地上升到意识的更高层次。

对做"某人"的感觉上瘾

当应激反应被启动——无论针对的威胁是真实的还是想象

出来的——一阵强劲的化学级联反应会冲进身体系统，让我们感觉到强烈的能量震荡，在一瞬间"唤醒"我们的身体及大脑的某些部位，将我们所有的注意力都集中到"三元"上来。这种感觉对我们来说是非常具有致瘾性的，就像在喝一杯"三份浓缩咖啡"——我们在片刻之间就被"启动"了。

久而久之，我们就在不知不觉中对自己的问题、对那些不喜欢的情境以及不健康的关系上瘾了。我们把它们留在了生命中，以满足我们对以生存为导向的情绪的成瘾，这样就能记住自己是谁——那个我们心目中的"某人"。我们简直爱上了麻烦为我们制造的能量冲击。

不止如此，我们还会把这种情绪兴奋与外界了解或熟悉的每个人、每样东西、每处地方以及具体经历联系起来，并对这些环境因素同样上瘾。我们欣然接受这些环境成为自己身份认同的一部分。

如果你赞同"我们仅靠意念就能启动应激反应"这个观点，那么按理说，我们同样能仅靠意念就感受到那种如同被捕食者追猎的、令人上瘾的应激化学冲动。结果，我们会对自己的意念上瘾，这些意念会让我们在无意识中开始大量分泌肾上腺素，并很难再去想别的。让思维超越自己的感觉或常规会让人感到极度不适。在我们开始否定让自己成瘾的物质的那一刻——在这种情况下，指的是与情绪成瘾有关的意念和感受——就会有对致瘾物的渴望、戒断的痛苦以及一大堆游说我们不要改变的内部语言出现。所以，我们会继续被禁锢在熟悉的现实里。

如此一来，那些明显具有自我限制性的意念和感受会把我们重新勾回原地，所有最初激发"战或逃的反应"的问题、条件、刺激源、不良抉择等都在等着你。我们把所有这些负性刺激留在身边，就能让自己产生应激反应，对这种反应的成瘾会强化"我是谁"的概念，它唯一的用处就是让你确认自己的身份。简言之，我们大部分人都会对生活中那些导致压力的问题和条件上瘾。无论面对的是一份不好的工作，还是一段不好的关系，我们会紧紧抓住自己的麻烦不放，因为它们能帮助我们强化自己作为"某人"而存在的状态，它们满足了我们对低频率情绪的成瘾性。

这样做的最大害处是，我们会活在恐惧中，担心如果这些问题不存在了，自己就会不知道还能思考什么、感觉什么，会再也体验不到那种能让我们记起自己是谁的能量冲击。大部分人都很难接受自己不以"某人"的状态存在。不是任何人，没有身份认同，这种感觉该多么糟糕？

自私的自我

如你所见，我们对自我的确认，存在于一个集体情感的背景中，这种集体情感是与我们的意念、感觉、问题及所有和"三元"有关的因素联系在一起的。所以，人们发现很难深入自己的内在世界，很难将这个自我营造的现实抛在身后，这有什么好奇怪的？如果没有环境、身体和时间这三个因素，我们怎么知道自己是谁？这就是我们如此依赖外在世界的原因。我们把自己局限于仅用感官来定义、培养情绪，这样我们就能获得一些生理反馈，以此对自己个人的成瘾性进行再次肯定。而我们所做的这一切，都是为了让自己感觉是个"人"。

当生存反应的强度与外部真实发生的事件的严重程度完全不成比例时，过剩的应激荷尔蒙会导致我们固着于自我的种种，所以我们会变得过度自私。我们沉迷于自己的身体或环境中的某一特殊方面，成为时间的奴隶。我们被陷在这种特殊的现实里，无力改变，更无力打破这种存在习惯。

这些过度的生存情绪打破了一个健康"自我"（ego，就是当我们说"我"时，有意识指代的那个自我）所拥有的平衡。当"自我"受到抑制时，它就会很自然地履行自己的职责——保证我们在外在世界中是有保护的、安全的。举一个例子，自我必须保证让我们远离篝火或者离悬崖边缘有几步之遥。当自我处于平衡状态时，它的自然本能就是自我保护。在自身需求和他人需求之间，在对自身的关注和对他人的关注之间，存在着一个健康的平衡。

当我们处于紧急状态生存模式时，把自我放在第一位是有道理的。但是，因压力而产生的化学物质会缓慢而持久地打破身体与大脑的平衡状态，自我就会变得过分专注于生存并把自己放在第一位，将其他的一切都排除在外——我们就会一直这么自私。这样一来，我们就变得自我放纵、自我中心、自以为是，充满了自怨自艾与自我厌憎。如果自我一直都处于压力之下，它就会形成一种总是"以我为先"的模式。

在上述情况下，自我最关心的，就是预测每种状态产生的结果，因为它过度关注外在世界，也因为它感觉到自己被彻底孤立于那 99.99999% 的现实之外。事实上，我们越是用感官知觉来定义现实，这个现实就越会成为我们的法则。而物质现实作为法则与量子法则是截然相反的。量子法则认为，我们把注意力放在哪里，哪里就是我们的现实。因此，如果我们的注意力集中在身体和物质领域，如果我们被锁定在特殊的线性时间轴上，它们就成了我们的现实。

忘记那些认识的人、存在的问题、拥有的东西、去过的地方；忘记时间的概念；战胜身体，不再满足其习惯性的需要；放弃那种帮助你进行身份再确认的熟悉的情绪体验带来的快感；摆脱想预测未来情景或回顾过往记忆的冲动；放下那个只关心自身需求的自私自我；让思维或梦想超越感觉，拥有对未知的渴望——这些，就是摆脱当前生活的开始。

如果意念能带给我们病痛，是否也能让我们安康

让我们再前进一步。此前我说过，我们可以只用意念就启动应激反应。我还提到，与应激相关的化学物质会在我们的细胞外部创造出一种非常严酷的环境，以这种方式引发基因变异，疾病由此而生。所以，从纯理论的角度说，意念能让我们生病。既然意念能让我们生病，是否也能让我们安康呢？

假设一个人在短时间内经历了一些足以让他心生怨恨的事情，以致在此后的岁月里，他总在无意识中紧紧抓住这种怨恨情绪不放。与这种情绪相关的化学物质会如同潮水一样席卷他的细胞，如此持续数周，这种情绪会变成心境；这种心境持续数月后，会转变成一种气质；这种气质持续数年后，就形成了一种强烈的、被称作"愤怒型"的人格特征。事实

上，他将这种情绪变成了记忆，并存储得如此之好，以至于与清醒的意识相比，身体对这种怨恨更为熟悉，因为他一直在"思维－感觉"和"感觉－思维"的循环圈里打转，长达数年之久。

大家已经知道，情绪是某个体验给我们留下的化学签名。那么，在这个基础上，难道大家不该同意下面的观点：只要这个人固执地怀着怨恨，他的身体就会如同正在经历那个发生在很久以前、导致他产生这种情绪的事件一样，做出和从前相同的反应？不止如此，如果身体对这些负责怨恨情绪的化学物质产生的反应破坏了某些基因的功能，而这种持续性的反应不断对同一种基因发出信号，让它们用同样的方式回应，那身体会不会最终出现某种状况，比如癌症？

如果是这样的话，那有没有这样的可能：一旦这个人忘记了那种让他长久怀恨的情绪——通过不再思考那些产生怨恨感的意念，反之亦然——他的身体（作为无意识状态下的"意识"）是否就能从那种被情绪奴役的处境中解脱出来？假以时日，他是否就能停止用同一种方式向基因发送信号？

最后，假设这个人开始用新的方式思考、感受，直到他创造出一个拥有全新人格的理想自我。在逐渐形成一种新的存在状态时，他是否会用有益的方式向基因发送信号，并在健康的状态真实出现之前，就将身体调节到一种积极情绪状态，如同正在体验健康带来的种种感受一样？他是否能够仅凭意念就让身体发生改变？

巧的是，刚才我用简单的术语所描述的情形正好发生在我的一个学生身上，他参加了我的一个研讨会，并用上面提到的方式战胜了癌症。

创造：活在"无我"状态

在上一章的结尾部分，我大致描述了一下，以创造模式生活是什么样的。那是全然专注、让意识自由流动，直到环境、身体、时间都被置之度外，不再侵扰我们思绪的时刻。

以创造模式生活，就是在浑然忘我的状态中生活。你是否曾注意到，当你真正沉浸在创造某样东西的过程中时，会完全忘记自我？你和自己熟悉的世界脱节了。你不再是靠拥有的东西、熟悉的人物、从事的工作以及在特定时间居住的地点来证实自己身份的"某人"。可以说，当处于一种创造性状态时，你忘记了自己的存在习惯。你放下了那个自私的自我，变得无私了。

你已经超越了时间与空间的限制。一旦你不再受限于肉身，不再将全部注意力放在外界那些人物、地方和东西上，并超越了线性时间，你就正在迈进量子场的大门。你不能以"某人"的状态进入，只能以"无我"的状态进入。在量子场的大门前，你必须放下那个以自我为中心的自我，以纯粹的意识形态进入意识的国度。正如我在第一章中所说，为了改变自己的身体（为了更健康），改变外在环境中的某样东西（可能是一份新工作或一段新关系），或者改变时间轴（朝着某个可能的未来现实），你必须变得无体、无物、无时间。

因此，我要给你一个重要的提示：要改变生活的任意一方面（身体、环境或时间），你都必须先超越它。为了超越"三元"，你必须把它们远远地甩在后面。

额叶：创造和改变之地

在创造过程中，我们激活了大脑的创造中心——额叶（前脑的一部分，包括前额叶皮质）。这是人类神经系统中最年轻、最发达的部分，也是大脑适应性最强的部分。它往往是自我形象的创意中心，也是大脑的 CEO 或决策机构。额叶是我们的注意力、专注力、觉察力、观察力及意识的中枢，是负责我们推测各种可能性、表现坚定意愿、做出有意识的决定、控制冲动情绪化行为以及学习新事物的地方。

为了保证我们拥有正常的理解能力，额叶要承担三种基本功能。在学习与练习本书第三部分提到的以"打破自我存在习惯"为目标的冥想时，这三种功能都会派上用场。

1. 元认知：自我觉察，抑制不想要的意识与身体状态

如果你想创造一个新的自我，首先必须放弃那个旧的自我。在创造过程中，额叶的第一个功能就是让你变得更有自我觉察力。

因为我们拥有"元认知"能力，即观察自身意念及自我的能力，所以我们可以决定自己不再想成为什么样子，不再想用什么样的方式来思考、行动及感受。这种自我反省能力允许我们去审查自我，然后制定一个修正自身行为的计划，这样我们就能创造出更具启发意义、更符合期许的结果。

你把注意力放在哪里，你的能量就会倾注到哪里。要利用

注意力来使自己的人生变得更强大，你就必须检查一下过往究竟创造了什么，这是"认识"自己的开始。你要审视自己所有的信念——关于人生，关于自己，关于他人。你之所以是这个样子、在这个地方、成为这个人，是因为你相信自己就是这样的。信念就是一直被你在有意识或无意识中视为生活法则的意念，不管你是否觉察到它们的存在，它们都会影响你的现实。

所以，如果你真的希望拥有一种新的个人现实，就从全方位地观察自己的当前人格开始吧。由于它们主要是在意识的觉察水平之下操作，非常像自动在后台运行的软件程序，所以你必须深入内在，仔细观察那些你此前可能没有觉察到的因素。考虑到人格中包括思考、行为和感受的方式，你必须密切注意那些无意识念头、反射性行为以及自动情绪反应——将它们置于观察之下，以此来决定它们是否真实，决定自己是否愿意继续为它们耗费能量。

要熟悉身心的无意识状态，需要采取具有意志、意愿以及高度觉察力的行动。如果你的觉察力提高了，就会变得更专注；如果你变得更专注了，你的意识会变得更清醒；你的意识越清醒，注意到的东西就越多；注意到的东西越多，你观察自我、他人及现实中内外因素的能力就越强。最终，你观察到的越多，就越有可能从无意识状态中清醒过来，拥有清醒的觉察力。

拥有自我觉察力的目的，就是不再让任何你不愿体验的意念、行为或情绪逃过你的警觉偷偷溜过去。如此一来，经过一段时间后，这种将不想要的存在状态有意识地抑制下去的能力，会让那些与过往人格有关的旧式神经网络停止千篇一律的激发和连接模式。通过不再日复一日地重建相同的意识，你成功地拔除了与过往自我联系在一起的硬件；通过打断与那些意念相联系的各种感受，你不再用同样的方式向基因发送信号。你对身体叫"停"，让它不再反复确认自己就是同一个意识。这个过程可以让你非常简单地开始"丢掉意识"。

所以，当你培养出一定的技巧，能对旧自我的所有方面都了如指掌时，就会最终变得更清醒。此时你的目标就是忘掉过往的自己，这样就能释放出更多的能量，用于创造新生活、新人格。你不能用相同的人格去创造全新的个人现实。你必须变成一个不同的人。在走出过去、创造全新未来的旅途中，利用元认知进行自我觉察是你的第一项任务。

2. 创造新的意识，思考新的存在方式

额叶的第二个功能就是创造新的意识——摆脱大脑用常年不变的激发方式打造出来的神经网络，并对神经网络施加影响，让它用新的方式重新进行连接。额叶的创造模式工作机制如图5B 所示。

当我们特地腾出时间和私人空间，用来思考一种新的存在方式时，那就是额叶正在执行创造任务。此时我们可以尽情想象各种新的可能，询问自己一些重要的问题——你真正想要的是什么，想要做什么，想成为什么人，想让自己和环境发生什么样的改变。

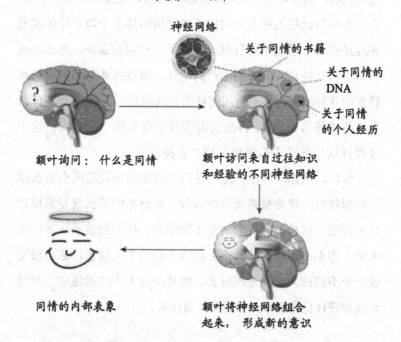

创造者——额叶

神经网络

关于同情的书籍

关于同情的DNA

关于同情的个人经历

额叶询问：什么是同情

额叶访问来自过往知识和经验的不同神经网络

同情的内部表象

额叶将神经网络组合起来，形成新的意识

图 5B 当额叶以创造模式工作时，它会俯瞰整个大脑，并将大脑中的所有信息都集中起来，创造出一种新的意识。如果"同情"是你想创造的一种新存在状态，那么，一旦你问自己"有同情心是什么样子的？"额叶就会自然而然地将不同的神经网络用新的方式组合在一起，创造出一种新模型或新图像。在这个过程中，可能需要提取你从书籍、DVD、个人经历等方面获取的信息，并让你的大脑用新的方式工作。一旦新的意识到位，你就会看到一幅图画、一张全息图或者一个景象，它们就是同情在你心目中的样子。

　　因为额叶和大脑的所有其他部分都是相连的，所以它能够扫描整个神经回路，将大脑存储的所有信息无缝拼接到一起，形成一个知识和经验的网络。然后，它会在这些神经回路中进行挑拣，将选中的用各种各样的方法组合在一起，创造出一种新的意识。在这个过程中，额叶创造出一种新的模型或内部表象，我们将这种新的模型或内部表象视为预期结果的图像。那么，我们完全有理由说，拥有的知识越多，连接在一起的各种神经网络就越庞大，我们也就越有能力去想象更复杂、更详细的模型。

要开始这个创造过程，最好先问自己几个重要的问题，通过这种方式进入一种好奇、思索、反省、猜测的状态。开放式询问是让意识顺畅流动起来的最有效方法。

- 如果……会是什么情形？
- 想成为……更好的方式是什么？
- 如果我是这个人，生活在这样的现实，会是怎样的？
- 我最钦佩的历史人物是谁，他／她令人钦佩的特点是什么？

你得出的答案自然会形成一种新的意识，因为在你认真回答这些问题的时候，大脑会开始用新的方式运作。当你对新的存在方式进行心理演练时，就是在建立新的神经连接，创造一种新的意识——你重建的意识越多，改变大脑和生活的可能性就越大。

不管你是想变得更富有，还是想变成更好的父母，或者是成为某方面的奇才，一个很好的办法就是让自己的大脑充满那个领域的专业知识，这样你就会拥有更多的模块，可以用来组建一个你想要的现实模型。每一次当你获得某种信息时，都是在增加神经元之间的突触连接，它们会充当你的原材料，帮助你打破大脑固有的激活模式。你学到的东西越多，手中的武器就越充足，就越有底气将旧的人格赶下台。

3．让意念比其他一切都更真实

在创造过程中，额叶的第三个重要作用就是让意念变得比其他的一切都更真实。（本书的第三部分将会详细解释如何具体操作。）

当我们处于创造状态时，额叶被高度激活，同时将大脑其余部分的神经回路的存在感降低，这样一来，除了一个专一的意念，大脑几乎不处理其他任何程序。由于额叶是对大脑其余部分进行居中调停的执行官，可以监控所有的"地形"，所以，它将感觉中枢（负责感受身体）、运动中枢（负责移动身体）、联络中枢（我们的个性所在）以及处理时间的神经回路等的音量调低，目的就是让它们都安静下来。在几乎没有其他神经活动的情况下，可以说没有意识来处理感官输入（请记住，意识就是行动中的大脑），没有意识去激活环境中的运动，也没有意识去将行为与时间联系起来，然后，我们的身体将不复存在，我们变成"虚无"，不再拥有时间。在那一刻，我们就是纯粹的意识。因为来自大脑其余部分的杂音都被关掉了，创造的状态就是我们所熟知的那个自我（ego）或自体（self）不复存在的状态。额叶的音量控制模式工作机制如图 5C 所示。

当你处于创造模式时，额叶总揽全局。它变得极其忙碌，以至于让意念成了你的经验。不管此时你想的是什么，额叶都会对它们全部进行处理。随着额叶将大脑其余部分的"音量调低"，它也将所有的干扰拒之门外。意念的内在世界变得和外部现实世界一样真实。你的意念被神经网络捕捉到，被当作真实的经验镌刻到大脑的结构中。

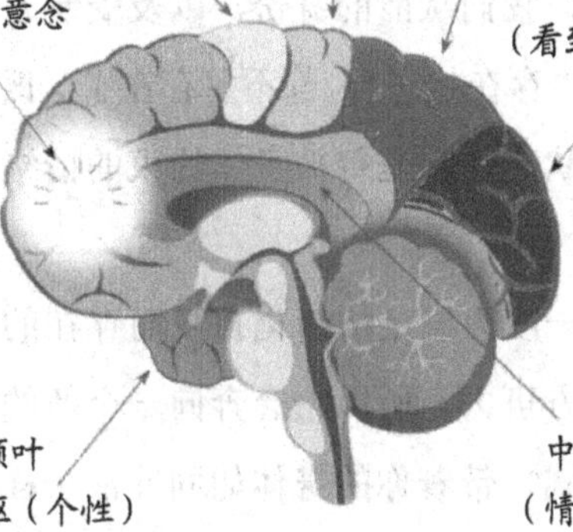

图 5C 当你专注的意念变成经验时，额叶会让大脑的其余部分安静下来，这样一来，除了那个专注的意念，大脑不会处理任何其他内容。你变得静止了，不再感受到身体的存在，不再感知到时空的存在，你将自己全然置之度外。

如果你有效地执行了创造程序，如你所知，这种体验就会产生一种情绪，你开始感觉那件事情正在确确实实地发生。此时，你的意念和感受与期望中的现实紧密联系在一起，你正处于一种新的存在状态。可以说，在那样的时刻，你正在让身体和一种新的意识建立条件反射，并借此重写潜意识程序。

放下意识，解放能量

在创造过程中，我们就不会再留下通常使用的化学签名，因为我们不再是以往的身份，也不再以一模一样的方式思考和感受了。那些与我们的生存思维连接在一起的神经网络已经关闭，那个持续向身体发送信号要求产生应激荷尔蒙的成瘾性人格也消失了。

简而言之，那个活在生存模式下的情绪化自我已经不再运行。就在这一刻，我们从前的身份，以及受制于以生存为基础的思维和感受的"存在状态"，都不复存在了。既然我们不再存在于过往的存在状态，那些曾被身体约束的情绪能量就可以自由活动了。

那么，那些一度为满足情绪化自我而存在的能量去了哪里呢？它必须有地方可去，所以它会奔向一个新的方向。这些能量会以情绪的形式，带着你的身体如同冲浪一样，从荷尔蒙中心一直往上前进到心脏区域（最终目标是大脑）……于是，就在突然之间，我们感到自己重要了、喜悦了、扩展了。我们爱上了自己的创造物。这就是我们对自然存在状态的体验。一旦我们停止向那个因应激反应而强大起来的情绪自我提供能量，就会从自私转变为无私。

随着旧能量转化为高频情绪，身体就从情绪的束缚中解放出来。此时我们就如同站在地平线之上，俯瞰一个全新的景象。不再透过过往生存情绪的滤镜去感知现实，我们看到了各种新的可能。此时，我们是一个全新命运的量子观察者。这种释放能疗愈我们的身体，解放我们的意识。

让我们重温一下图 5A 中从生存情绪到积极情绪变化的能

量和频率表。当身体将愤怒、羞耻或欲望等情绪释放出来时，它们会被转化为喜悦、爱或感激。在播散更高能量的旅途中，身体（曾被我们调教成意识）变得不再那么"意识化"，并且变成了凝聚整合的能量。构成身体的物质表现出更高的振动频率，让我们感觉和某种更纯粹的东西连接得更紧密了。简言之，我们展现出了更多的灵性。

活在生存模式下时，你会努力去控制或强求某个结果，那是我们的自我所干的事。而当你活在充满创造性的积极情绪中时，会感到自己得到了如此大的提升，让你再也不想去分析那个期待的命运会何时到来、以什么样的方式到来。你充满信任，知道它一定会发生，因为你已经在意识中、在身体里——在意念和感觉中——体验到它了；你知道它一定会到来，因为你感到自己正和某种更纯粹的东西连接在一起。你充满感恩，因为感觉它已经发生了。

对于那个期待的结果，你可能并不清楚它的所有细节——它会在何时、何地、何种情境下出现，但你相信这个未来的存在，虽然还不能用眼睛看到它，或者用其他的感官感知到它。但对你而言，它已经发生了，在一个没有空间、没有时间、没有具体地点的所在。你处于一种全知（knowingness）的状态，在这种状态下，你可以放松地融入当下，不再活在生存模式中。

去预期或分析期待中的事件会在何时、何地或者如何发生，只会让你回归旧时的自我。你正沉浸在那样深刻的喜悦中，怎么可能有心思去问得那么清楚，只有活在有限的生存状态下的人才会去做这样的事情。

在那种创造性状态中，你的身份认同已经不同于以往，而当你在这种状态中流连时，那些曾经同时激发并形成了你的旧自我的神经细胞就不再连接在一起了。这就是旧人格在生物学层面分崩离析的时候。而与过往身份联系在一起，并将身体调教到适应同一种意识的各种感觉，也不再用同样的方式向同样的基因发送信号了。你战胜自我的能力越强，旧人格发生改变的物理证据就越多。那个旧时的你消失了。生存和创造状态如图 5D 所示。

读完本书的第一部分后，你已经有目的、有意识地建立了一个知识库，它会帮助你创造新的自我。现在，让我们在这个基础上添砖加瓦吧。

我们已经讨论了很多可能性：主观意识可以影响客观世界；你拥有通过战胜环境、身体及时间来改变大脑和身体的潜能；你可以摆脱那种被动反应、充满压力、把外部世界当作唯一现实的生存模式，进入属于创造者的内在世界。我希望，你现在能把所有这些可能性视为可能的"现实"。

如果你能做到，我会邀请你继续阅读本书的第二部分，在这部分内容中，你会得到一些具体的信息，知道自己的大脑和冥想所起的作用，它们会帮助你为创造真实、持久的生活改变做好准备。

意识与身体的两种状态

生存		创造
应激状态		体内平衡
收缩		扩张
分解		合成
疾病		健康
失衡		有序
衰弱		修复
退化		更新
恐惧 / 愤怒 / 悲伤		爱 / 喜悦 / 信任
自私		无私
环境 / 身体 / 时间	vs.	无物 / 无体 / 无时间
能量流失		能量创造
紧急状况		成长 / 修复
关注面窄		关注面广
孤立		连接
感官决定现实		现实超越感官
因导致果		创造结果
有限可能		无限可能
不一致		一致
已知		未知

图 5D　生存模式 vs. 创造模式

PART2
第二部分

大脑与冥想

CHAPTER SIX
第六章

三个大脑：思考、行动、存在

　　将人的大脑与电脑进行比较通常很有用，而且你的大脑确实已经具备了改变自我与改变生活所需的硬件。但是，你知道利用这些硬件来安装新软件的最佳方法是什么吗？

　　想象一下，有两台具备相同硬件和软件的电脑，一台在一个技术新手的手中，另一台由一名经验丰富的操作员使用。那位新手对电脑能做哪些事情几乎一无所知，更别提如何操作电脑去完成这些事情了。

　　简单地说，第二部分内容的目的，就是向大家提供一些与大脑相关的资料，让大家作为大脑的操作者，在开始用冥想来改变生活时，知道在大脑内部和冥想过程中有哪些情形会发生，原因是什么。

改变带来新的思考、行动和存在方式

如果你知道怎么开车，那你大概已经体验过思考、行动和存在的基本过程了。刚开始的时候，对自己要做的每一个动作、要注意的每一条交通规则，你都必须仔细"思考"；然后，你会变得对驾驶相当熟练，只要你有意识地注意自己的"行动"——即正在做的事情；最后，你以一名驾驶员的形式"存在"，你的意识悄悄溜号了，变成了一名什么也不干的乘客，从此以后，在大部分时间里盘踞在驾驶座上的是你的潜意识，对你而言，驾驶变成了自动化行为，成了你的第二天性。很多你学会的东西都是通过这种"思考－行动－存在"的程序完成的，大脑的三个区域促成了这种学习模式。

不过，你是否知道，自己也可以直接从"思考"跳到"存在"——就如同你已经在生活中体验过了"行动"这一步？通过本书的中心内容——冥想（本章内容只是前奏），你可以从思考自己想成为的那个理想自我，直接前进到成为那个理想自我。

所有的改变都是从思考开始的：我们可以立刻形成新的神经连接和回路，来反映此刻正在思考的新意念。没有什么比学习——吸收知识与经验——更能让大脑兴奋的了。对大脑来说，学习的作用不亚于催情药，它会情意绵绵地"爱抚"从我们的五种感官那里接收到的每一个信息。每一秒钟，大脑都要处理数十亿比特的数据，它要对这些信息进行分析、审查、确认、推断、分类以及存档，并按照我们的需要对这些信息进行检索。说真的，人类的大脑就是这个星球上最极致的超级电脑。

　　大家应该还记得，理解为何我们能确实改变意识的理论基础，就是"硬连线"的概念——即神经元之间建立起长期性、习惯性关系的方法。我提到了赫布理论，该理论宣称"同时激发的神经细胞彼此连接在一起"。（神经科学家们曾经认为，在童年结束后，大脑的结构就是相对不变的。但新的研究发现，大脑和神经系统的很多方面在整个成年时期都可以发生结构性、功能性的改变——包括学习，记忆以及脑损伤复原。）

　　不过，把这句话反过来说也是成立的，"不同时激发的神经细胞不再彼此连接在一起"。如果你不使用它，就会失去它。你甚至可以利用专注的意念，将那些不想要的神经连接断开。如此一来，或许你终于可以放下一些严重影响了你的思考、行为和感受方式，却让你死活割舍不下的"东西"了。经过重新"布线"后，大脑就不会再按照过去的神经回路来激发。

　　神经可塑性（根据环境输入的信息和我们的意图，大脑在任何年纪都可以重建神经连接、创造新神经回路的能力）的作用就是让我们可以创造一个新的意识水平。神经学上有个说法，叫"吐故纳新"，这是一种被神经科学家称为"剪枝"（pruning）和"发芽"（sprouting）的过程。我称之为"反学习"（unlearning）和"学习"（learning），它让我们有机会超越当前的局限，战胜现有的条件和环境。

　　在创造新的存在习惯时，我们要从根本上有意识地控制那些已经变成无意识存在的东西。摒弃那种意识朝着一个方向（我不想做一个爱生气的人），而身体却朝着另一个方向（让我们保持愤怒状态，在熟悉的化学物质中畅游吧）的模式，将意识的

目标和身体的反应统一起来。要做到这一点，我们必须创造一
种新的思考、行动和存在方式。

假定我们要改变自己的生活，那么，首先必须要做的，就
是改变自己的意念和感受，然后去做一些事情（改变动作或行
为），产生新的体验，而这反过来会引发一种新的感受，我们必
须把这种感受存储起来，直到进入一种存在状态（意识与身体
合二为一），这样的话，至少我们有了一些对自己有利的东西。
除了大脑具有神经可塑性之外，我们还可以说，自己拥有不止
一个可操作的大脑，我们有"三个"。"三个"大脑如图6A所示。

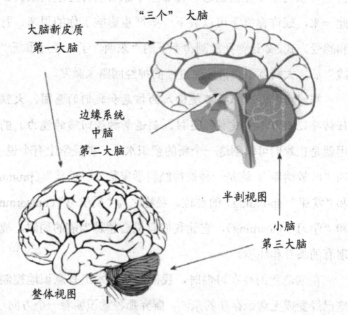

图6A　"第一大脑"是新皮质或负责思考的脑。"第二大脑"是边缘
脑或情绪脑，负责在体内制造、维护并组织化学物质。"第三大脑"
是小脑，是潜意识所在。

从思考到行动：新皮质处理知识，然后促使我们按照所学去生活

我们的"思考大脑"是新皮质，即大脑那如同核桃仁一样的表层。作为人类最新、最先进的神经系统硬件，新皮质是意识、个人特性及其他高级脑部功能的中心。（我们在前面章节中提到的额叶就是组成新皮质的四大部分之一。）

本质上，新皮质是大脑的建筑师或设计师。它使得我们能够学习、记忆、推理、分析、计划、创造、猜测、发明及交流。由于这个区域是记录你的感官数据——如所见所闻——的地方，所以，是新皮质将你和外在世界连接起来。

一般说来，新皮质负责处理知识和经验。首先，你要收集以事实或语义信息（你学到的哲学或理论性的概念、观点）形式存在的知识，刺激新皮质增加新的突触连接和神经回路。

其次，一旦你决定将学到的知识变成自己的东西或付诸应用——也就是将自己所学的东西展示出来，你就必然要创造新的经验。这将促使"神经网络"在新皮质中建立起来。这些网络会加强你通过学习而形成的神经回路。

如果新皮质有一句座右铭，那可能会是：知识是为意识准备的。

简言之，知识是经验的先驱：大脑新皮质负责处理那些你未曾见识过的理念，这些理念会潜伏在记忆里，等待着你在未来的某个时候接受并使用它们。当新的意念在脑海中挥之不去时，你会开始考虑调整自己的行为，让自己在机会出现的时候

能够做点和以往不同的事情，目的是得到一种新的结果。然后，随着你对自己日常举止和一贯行为所做的改变，与常规情况不同的事情就会发生，让你经历从未经历过的新事件。

从新事件到新情绪：边缘系统制造化学物质，帮助我们记住经验

边缘脑（也被称为哺乳脑）位于新皮质之下，除了人类、海豚及高级灵长类动物外，其他哺乳动物的边缘脑是最高度发达和专门化的区域。大家把边缘脑看作"化学脑"和"情绪脑"就行了。

当你正在体验某个新事件时，你的感官会将一大波来自外界的相关信息发送到你的新皮质，新皮质的神经网络会对这些信息进行整理、组织，将你体验的事件反映出来。所以，新经验比新知识更能丰富你的大脑。

就在神经网络以一种特地针对这个新体验的模式激发时，情绪大脑会以肽的形式制造并释放出各种化学物质。这杯"化学鸡尾酒"能够反映出你此刻正在体验的情绪。如你所知，情绪是体验的最终产物，每一种新的体验都会产生一种新的情绪（这种新情绪用新的方式向新的基因发送信号）。就这样，情绪向身体发送信号，让它用化学方式记录这个事件，而你则开始"用身体"来吸纳从中学到的东西。

在此过程中，边缘脑的作用是协助长期记忆的形成——你之所以能够更好地记住任何经历，是因为能够回想起该事件发生时你感受到的情绪。（新皮质和边缘脑一起让我们形成陈述性

记忆，意思是我们能够陈述自己学会或体验了什么。从后面的图 6B 中大家可以了解更多有关陈述性记忆和非陈述性记忆的知识。）

然后，你就会明白，那些具有高情绪电荷的体验是如何在我们身上留下痕迹的。所有已婚人士都能告诉你，当他们向爱人求婚时，他们在哪里、在干什么，记忆良深。也许正在他们最喜欢的饭店里，坐在露台上吃大餐，享受着夏夜惬意芬芳的微风，欣赏着壮丽的日落景象，背景里有莫扎特的曲子在温柔地回荡，就在那个时候，他们单膝跪地，手上托着一个小小的黑色盒子。

这所有的一切结合在一起，使得那一刻的体验让他们觉得自己和平常不一样了。那个一直被他们认同的自我所拥有的内在化学平衡被看到、听到、感觉到的东西打破了。从某种意义上说，他们从那种熟悉而常规的，不停轰炸他们的大脑致使他们只能用老一套来思考、感受的环境刺激中醒来了。这个新的事件让他们如此吃惊，致使他们当下这一刻的觉察变得加倍敏锐。

如果边缘脑有座右铭的话，那应该是：经验是为身体准备的。

如果知识是为意识准备的，经验是为身体准备的，那么，当你应用新的知识，创造新的经验时，就是在把意识学到的东西教给身体。没有经验的知识仅仅只是哲学，没有知识的经验只是无知的行为。这是一个逐步发展、必须经历的过程。你必须吸收知识并将它用于生活——用情绪的方式接纳它。

如果在我讨论如何改变生活的这个过程中，你一直都在认真听，那你就会明白该如何获取知识，如何采取行动去创造新的经验以产生新的感受。然后，你必须将这种感受存储起来，将你学到的东西从意识层面挪到潜意识层面。你已经安装了完成这项任务的硬件，它就在我们将要讨论的"第三大脑"内。

从思考、行动到存在：小脑存储的是习惯化思维、态度及行为

大家是否记得，我说过一种很多人都有的经历？我们可能在意识层面记不起一串手机号码、银行卡密码或者密码锁的密码，但是，因为我们使用这些号码的次数实在太多了，所以身体比我们的大脑记得更清楚，而且我们的手指会自动地把活儿干了。可能这些看起来都是不值一提的小事。但是，当身体对某件事情的了解与意识相当，甚至更胜一筹时；当你可以随意地重复某个经历，却不需要在意识层面做出太多努力时，你就已经把这些动作、行为、态度或情绪反应存储下来了，直到它们变成一种技能或习惯。

达到了这样的能力水平时，你就进入了一种存在状态。在这个过程中，你已经激活了第三大脑——小脑，小脑是潜意识的中心，在改变人生的过程中，它扮演着重要的角色。

小脑位于颅骨后方，是大脑最活跃的部分。大家可以把它当作大脑的微处理器和记忆中心。小脑中的每一个神经元都具有与至少 20 万——最多可达到百万——其他细胞建立连接的潜力，以处理身体各部位之间的平衡、协调、对空间关系的觉察以及执行受控运动。除了基本固定的态度、情绪反应、重复性行为、习惯、条件化行为、潜意识反应以及我们掌握并牢记的

技能，小脑还存储了某些简单的动作和技能。在处理数量惊人的记忆存储时，小脑可以轻松地将我们得到的各种信息下载到程序化了的意识和身体状态中。

当你处于某种存在状态时，体内的神经化学状态会将你变成一个新的"自我"，而你会把这个"自我"存储在记忆里。这就是小脑接手控制权的时刻，它会将这种新的状态变成潜意识程序中隐含的一部分。小脑是存储非陈述性记忆的地方，非陈述性记忆的意思是，对某一件事情，因为你已经做过或练习过太多次了，以至于它变成了你的第二天性，不需要在意识层面进行任何思考你就可以完成，而由于它变成了一种自动化程序，去陈述或描述做的过程反而成了一件难事。当这种情况发生时，你就会达到这样的境界：幸福（或其他任何你一直专注并用心理或身体演练过无数次的态度、行为、技能或特点）变成了那个新自我生来就存储好了的程序。

让我们举一个贴近真实生活的例子，来看看这三个大脑是怎样让我们从思考到行动再到存在的。首先，我们会在这个例子中看到，思考大脑（新皮质）是如何通过意识层面的心理演练，利用学到的知识，以新的方式激活新的神经回路，并最终形成新意识的。然后，我们的意念创造出一个新的经验，新的经验通过情绪大脑（边缘脑）制造出新的情绪。负责思考和感受的大脑将身体调整到了与新意识合拍的状态。最后，如果我们达到了心身合一的程度，小脑就会帮助我们将一个拥有新的神经化学状态的"自我"存储起来，这种崭新的存在状态就变成了潜意识当中的固定程序。

三个大脑发挥作用的真实例子

现在，让我们用现实的眼光来审视一下这些观点。假设你最近读了几本发人深省的有关慈悲的书，包括特蕾莎修女的自传，和一本关于亚西西的圣方济各的报告。

从这些书中学到的知识能够让你跳出固有的思维模式。阅读就像反复锤炼一样，会在你的思考大脑中锻造出新的突触连接。然后，你从根本上了解了慈悲的哲学（透过他人的经历，而不是你的）。不止如此，通过日复一日不断温习学到的东西（它们在你身上激发的热情让你乐于帮助朋友解决问题，向他们提建议或者评判），你长久地维持着这些神经连接。你变成了伟大的哲学家，在理论层面上，你对何为慈悲了解得很透彻。

某一天，在你开车下班途中，爱人打来电话，说你被邀请3天后和岳母（或婆婆）共进晚餐。你在路边把车停下，此时心里已经在想着那位让你极度不喜欢的岳母（或婆婆），这种憎恶感从10年前她伤害你的时候就开始了。很快，你在心里列出了一张长长的清单：她那武断的说话方式一直令你深恶痛绝；她总是频频打断别人说话；她身上有一股难闻的气味；她做的饭菜难吃得要命。不管什么时候，只要她在你周围，你就会心跳加速，下颌收紧，面部和身体都变得紧张起来，你感到战战兢兢，只想跳起来离开。

这个时候，你依然坐在车里，想起了那些与慈悲有关的书，想起了你学的那些理论知识，然后浮现出一个念头：如果我把从这些书里学到的东西加以应用，说不定会和岳母（或婆婆）

之间产生新的体验。在学到的理论中，哪些可以变成我自己的东西，帮助改变这次晚餐的结果呢？

当你陷入沉思，想象着如何将所学的知识应用到岳母（或婆婆）身上时，奇妙的事情发生了。你决定不再用从前惯用的那套自动化程序去回应她，而是开始考虑那个你不想再做的旧自我是什么样子，想成为的那个理想自我又是什么样子。你问自己：当我见到她的时候，什么样的感受是我不想要的，什么样的行为是我不想做的？你的额叶开始"冷却"那些与"旧我"相关的神经回路，此时你正在做的，就是断开或删除那个"旧我"的功能。因为你的大脑不再以相同的方式激发，所以你不再创造相同的意识。

然后，你会回顾那些书的内容，并据此计划用什么样的思考、感觉和行为方式来对待岳母（婆婆）。你问自己：我能对自己的行为和反应进行怎样的调整，才能让新的体验带来新的感受？于是你想象自己问候她、拥抱她，问一些据你所知她很感兴趣的问题，并恭维她的新发型或新眼镜。在接下来几天里，当你对新的理想自我进行心理演练时，也同时在继续安装更多的神经系统硬件，确保在与岳母（或婆婆）进行实际接触时，大脑中相应的神经回路已经到位。

对我们大部分人来说，从思考前进到行动，就如同鼓励蜗牛加快步伐一样无比艰难。我们更愿意在现实中停留在理论、哲学的范围内，更乐于与记忆中熟悉的感受保持一致。

相反，通过放弃旧的思维模式，打破习惯化的情绪反应，并抛开那些类似膝跳反射的行为，然后规划并演练新的存在方式，你就在自己与学到的知识之间画上了等号，并开始创造新的意识——你在提醒自己想要成为一个什么样的人。

不过，这里还有一个步骤是我们必须解决的。

从前与岳母（或婆婆）接触时，你有一套熟悉的想法、习惯的行为以及存储的情绪，它们与那个"旧自我"息息相关，那么，当你开始观察这个"旧自我"时，会发生什么呢？你正在以某种方式进入潜意识的操作系统，这里就是那些自动化程序存在的地方，而你此刻是这些程序的"观察者"。当你能够觉察或者注意到自己的存在状态时，就是在让潜意识意识化。

如果在真实体验（即将到来的晚餐）发生之前，你就在心理上让自己置身于一个可能出现的情境中，就是在改变你的神经回路，使它们表现得似乎这个事件（对你的岳母或婆婆表现出慈悲）业已发生。就在这些新的神经网络一起激发时，你的大脑会产生一幅图画、一个景象、一种模型或者我称之为"全息图"（一个多维图像）的东西，它们代表的是你正全心全意想要成为的那个理想自我。在这一切发生的那一瞬间，你让自己的想象变得无比真实。大脑捕捉到了你的意念，把它当作真实的经验，并"升级"大脑灰质，使这个经验看起来确实已经发生了。

用经验呈现知识：将意识学会的东西教给身体

很快，游戏正式开始了。你坐在餐桌前，对面就是那位"善良的老妈妈"。当她再次表现出那些典型行为时，你不再给予膝跳反射式的回应，相反，你的意识很清醒，想起了自己学到的东西，决定试试看。你不再对她挑剔、攻击或充满敌意，而是为她做一些和以前截然不同的事情。就像那些书里鼓励去做的那样，你停留在当下这一刻，打开心扉，认真去听她说的话。你不再把她和她的过去钉死在一起。

你瞧，你调整了自己的行为，控制了冲动的情绪反应，从而创造了和岳母（或婆婆）之间的新体验。新的体验激活了你的边缘脑，开始为你烹制一锅新的化学物质，这些化学物质生成了一种新的情绪，就在突然之间，你就真的开始对她产生慈悲心了。你眼中的她就是真实的她，你甚至在她身上看到了自己的某些方面。你的肌肉放松了，感觉心敞开了，呼吸也更深、更自由了。

这一天给你的感觉太棒了，令你回味不已。此时你精神振奋，心胸开阔，发现自己真的对岳母（或婆婆）充满了爱。当你将这种新鲜的、属于内在感受的善意和爱与外在世界中的特定个体挂钩，就会将慈悲和岳母（或婆婆）联系起来。你形成了一种"联想记忆"。

在你感到慈悲的时候，从某种意义上说，是你用化学物质的方式将意识学到的哲理知识传授给了自己的身体。现在，你已经从思考过渡到了行动：你的行为符合有意识的目标；你的行动和意念同步；你的意识和身体结盟，携手合作。你完全做到了那些书中人所做的事情。因此，你用大脑和意识学习有关慈悲的知识，用经验在环境中证实这种理念，将"慈悲"这种积极情绪具体化。此时，你将身体调节到和新的慈悲意识同步。于是，身体与意识开始共同作用了，你将慈悲"身体化"了。

两个大脑将你从思考带到行动，但你能创造一种存在状态吗

在将"慈悲"情绪身体化的过程中，你让自己的大脑新皮质和边缘脑共同发生作用。你跳出了那个让你觉得熟悉、习惯，在一套自动化程序中运行的自我，进入了一个新的思维－感觉循环圈。你已经体验过慈悲是什么感觉，比起过往那种说不出口的敌意、抗拒和压抑的愤怒，它显然更得你心。

不过，稍安勿躁，你现在离圣徒的境界还远着呢！这一次，让身心合一共同作用是不够的。不错，这一次你迈出了从思考到行动的重要一步，但你能随心所欲地重现那种慈悲感吗？你能脱离现实条件和环境，反复地将慈悲感体现出来，让任何人、任何情形都不能再在你身上制造出过往的存在状态吗？

如果答案是否定的，那你就还没有完全掌握慈悲。在我的定义中，"掌握"就是我们的内在化学状态战胜了外在环境中的一切因素。当你让身体和你选中的意念、感受之间建立了条件反射式的联系，外界任何东西都无法阻止你去实现目标时，你就真的掌握了。任何人、任何东西、任何经历在任何时候、任何地点都不应该打断你内在的化学一致性。只要你愿意，就可以在任何时候用不同的方式思考、行动和感受。

如果你擅长痛苦，就一定能轻松搞定快乐

你可能认识一些擅长沉浸于苦难的人，对吗？有

时候你给他们打电话问："最近怎么样？"

不怎么样。

"是这样，我准备跟一些朋友去一个刚开的画廊，然后去饭店吃饭——就是有真正健康甜点的那家。吃完饭后我们准备去现场音乐会。你想和我们一起吗？"

不，我不想。

但是，如果让她说心里话，她会说：这种情绪状态已经被我深深铭记，环境中没有任何东西——任何人、任何经历、任何条件、任何事物——能够将我从这种痛苦的内部化学状态中解脱出来。对我来说，痛苦的感觉比放下或快乐更好。现在我很享受这种对痛苦的成瘾，你们要做的那些事情可能会让我分心，让我失去情感依赖。

但是，你猜怎么着？我们也可以轻松地搞定快乐或慈悲这样的内部化学状态。

在关于你和岳母（或婆婆）关系的那个例子中，如果你对自己的意念、行为和感受反复练习的时间足够多，你自然就会成为一个有慈悲心的人。在这个过程中，你会从只是"思考"慈悲，前进到"做"一些与慈悲相关的事情，然后你就"是"一个有慈悲心的人。"是"意味着一种存在状态，意味着轻松、自然、第二天性、惯例以及潜意识。随着那些自我限制的情绪被改变，慈悲与爱对你而言会变得自动化、熟悉化。

所以，到了这一步，你要做的就是不断复制那些出于慈悲心的思考、感受、行动的经验。如果你这样做了，就能打破你对过往情绪状态的依赖，让你的身体和意识通过神经化学的方式将这个叫"慈悲"的内部化学状态存储下来，而且要比你清醒的意识记得更牢。最后，如果你能够随心所欲地一次次再现慈悲经验，你的身体就会具有慈悲意识。如此一来，你对慈悲的记忆会变得极其深刻，以至于外界没有任何东西能够将你从这种存在状态中剥离。

现在，三个大脑同时工作起来了，你在神经、生化及基因上都处于一种慈悲状态。当慈悲对你变得无条件地平常和熟悉，你就已经完成了从知识到经验再到智慧的渐进过程。

前进到一种存在状态：两个记忆系统的作用

我们有三个大脑，这使我们可以从思考前进到行动，再前进到存在。大脑的记忆系统如图 6B（1）所示。

大脑存在着两个记忆系统。

第一个记忆系统称为**陈述性记忆**或**外显记忆**。当我们将学过或体验过的内容记下来，并可以加以陈述时，这些内容就是陈述性记忆。有两种类型的陈述性记忆：知识（来自理论知识的语义记忆）和经验（来自感官体验的情景记忆，指我们在生活中与特殊的人、

动物或其他对象之间发生的事件，内容通常为我们在
特定的时间和地点做过或目睹过的某件事情）。情景记
忆在我们的大脑和身体中留下的痕迹往往比语义记忆
时间更长。

大脑的记忆系统

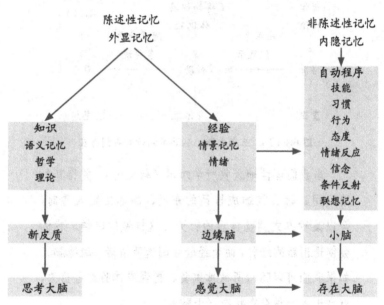

图 6B（1）　陈述性记忆与非陈述性记忆

　　第二个记忆系统称为**非陈述性记忆或内隐记忆**。
只要我们对某件事情的实践次数足够多，它就会变成
我们的第二天性——也就是说，我们无须再去思考怎
么做它，而且几乎无法陈述自己究竟是怎么做的。在
做这件事情的时候，我们的身体和意识已经不分彼此
了。第二记忆系统是我们的各种技能、习惯、自动化

行为、联想记忆、无意识态度及情绪反应的中心。

从思考到行动再到存在的示意图如图 6B（2）所示。

知识 + 经验 = 智慧

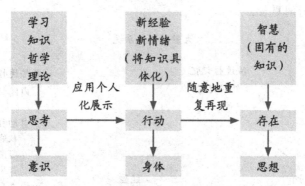

图 6B（2） 三个大脑：从思考到行动再到存在

当我们理性地吸收所学知识（新皮质），并将其付诸应用、融会贯通成自己的东西、展示给别人看时，会以某种方式调整自己的行为。这样做的时候，我们会创造出新的经验，而新经验会制造新情绪（边缘脑）。如果我们可以随心所欲地重复、再现或体验这些行为，就会进入一种存在状态（小脑）。

智慧是通过不断重复的经验而累积的知识。当慈悲变得如同我们的正常情绪一样自然时，我们就拥有智慧了。我们被解放了，得以追寻新的机会，因为生活似乎会以某种方式将自己调整到与我们的存在状态一致。

存在状态的进化如图 6C 所示。

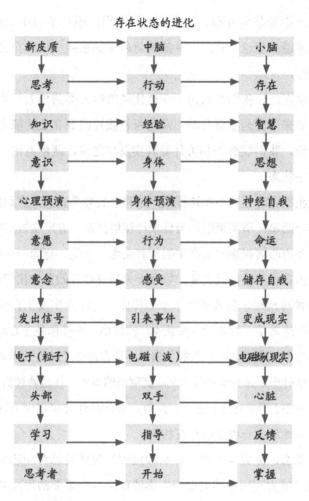

图 6C 这张流程图显示了三个大脑是如何共同作用，将个人进化的不同途径联系在一起的。

从思考直接过渡到存在：冥想的前奏

从思考到行动再到存在，这个发展过程每个人都经历过很多次，不管是学开车、学滑雪、学编织，还是学习第二语言，我们都遵循着这个程序，并最终将所学的东西变成了自己的第二天性。

现在，让我们来探讨一下进化馈赠给人类的伟大礼物——不需要采取任何实际行动，从思考直接过渡到存在的能力。换句话说，我们能够在相关体验真实发生之前，就创造出一个新的存在状态。

我们无时无刻不在这样做，这和"假装是真的，直到成真"不是一回事。举例说吧，当你期待伴侣回家，并产生性幻想时，你会在内心将相聚时会产生的所有意念、感受、行为一一体验。那种内在体验是如此真实，以至于你的身体开始发生化学改变，出现种种反应，仿佛那个未来事件此刻已经真实发生在你身上了。你进入了一种新的存在状态。同样地，不管你是在心理演练如何处理与同事之间发生的争执，还是在被交通堵得寸步难行饥饿难忍时想象那些恨不得立刻吃到嘴里的美食，在这两种情况下，你都在心无旁骛地进行思考，此时，你的身体会仅仅因为这些意念就开始进入一种新的存在状态。

那么，你究竟能做到什么程度呢？仅凭着思考和感受，你能最终成为理想中的自己吗？你能创造一个想要的现实并活在其中吗？

这就是冥想的用武之地。大家都知道，人们会因为很多原因用到冥想技巧。在本书中，你会学到一种为特殊目的而设计的特殊冥想——帮助你战胜自己的存在习惯，成为你的理想自我。在本章余下来的内容中，我们会把迄今提到的一些知识与大家很快就要学到的冥想联系起来。（只要我提到冥想或冥想过程，指的都是我们将在第三部分中着重介绍的冥想。）

冥想让我们能够改变自己的大脑、身体以及存在状态。最重要的是，我们可以在不采取任何实际行动或与外界有任何互动的情况下完成这些改变。通过冥想，我们可以安装必要的神经系统软件，正如前文提到那些钢琴演奏家及手指练习者凭借心理演练来实现改变一样。（那些被试只用到了心理演练，但是，对我们要达到的目标而言，心理演练只不过是冥想过程的一个组成部分而已。）

如果我请你思考一下，你理想中的自我应该具备一些什么品质；或者建议你好好想想，身为特蕾莎修女或纳尔逊·曼德拉那样的伟人会是什么感觉，会发生什么呢？只是对一种新的存在状态产生思考，你就以一种新的方式激发了自己的大脑并产生了新的意识。这就是心理演练在起作用。现在，我再请大家仔细考虑一下，快乐、充实、满足和安宁是什么感觉。如果你希望创造一个新的理想自我，你会给自己设计一个什么样的愿景？

基本上，冥想过程会把所有能够解释快乐、充实、满足和安宁的信息——你通过学习得来，并通过突触连接的方式存储到大脑的所有知识——都集中到一起，帮助你回答上面的问题。在冥想中，你会把那些知识从大脑中提取出来，并在自己与这些知识之间画上等号。你不会只询问快乐意味着什么，相反，你会去亲身体会，让自己真的活在快乐里。毕竟你了解快乐是什么样子、是什么样的感觉。你亲身体验过，也亲眼目睹过他人快乐时的情景。此刻你要做的，就是从那些相关的知识和经验中，挑选出符合自己心意的，去创造一个新的理想自我。

我在前面讨论过，你可以通过额叶用新的方式激活新的神经回路、创造新的意识。在你体验新意识的那一刻，大脑会创造出一幅全息图像，你可以照着图像中的样子去创造未来的现实。因为你在真实经历尚未发生之前就已经安装了新的神经回路，所以，你不需要像甘地那样，去完成一种非暴力革命，也不需要像圣女贞德那样，去为民众指引方向，并最终被烧死在火刑架上。你只需要运用与这些勇气和信念相关的知识和经验，在内部制造一种情绪效应。这种情绪效应的结果一定会是某种意识状态。只要不断地复制那种意识状态，你就会变得对它无比熟悉，新的神经回路也得以建立。这种意识状态出现的次数越多，你的意念变成经验的可能性就越大。

一旦这种"意念-经验"的转换发生，经验产生的最终结果必然是一种感受，一种情绪。当这个结果出现时，你的身体（以潜意识形式）并不知道，物理现实中发生的事件和你仅靠意念创造出来的情绪之间，到底有何不同。

作为一个正努力把身体调节到适应新意识的人，你会发现，自己的思考大脑和情绪大脑正很有默契地携手合作。别忘了，意念是为大脑准备的，而感觉是为身体准备的。在冥想过程中，当你同时用某种特别的方式思考和感受时，就和刚开始冥想时的状态完全不同了。那些新安装的神经回路，以及意念和情绪导致的神经化学改变，让你焕然一新，我们甚至能从大脑和身体上找到实际的证据，表明这些改变确确实实发生了。

在这样的时刻，你已经进入了一种新的存在状态。你已经不再只是去"练习"快乐、感恩或其他情绪，而是真真正正地处于感恩或快乐的状态了。每一天，你都可以让意识和身体进入那种状态；你可以不断地重新体验那个事件，不断重温对那种体验（如果你是那个全新的、理想的自我，会产生什么样的感受）的情绪反应。

如果你在冥想结束后站起来时，已经进入了一种新的存在状态，也就是说，整个人在神经、生物、化学方面都不一样了，在真实体验发生之前，你就激活了这些改变，那么你就会更乐意用与这种新的存在状态相匹配的方式去思考、行动。你已经打破了自我的存在习惯！从思考到存在的过渡过程如图 6D 所示。

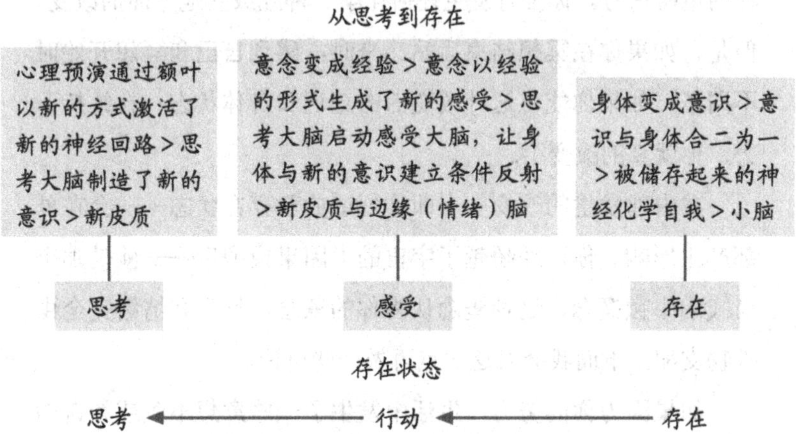

从思考到存在

心理预演通过额叶以新的方式激活了新的神经回路 > 思考大脑制造了新的意识 > 新皮质	意念变成经验 > 意念以经验的形式生成了新的感受 > 思考大脑启动感受大脑，让身体与新的意识建立条件反射 > 新皮质与边缘（情绪）脑	身体变成意识 > 意识与身体合二为一 > 被储存起来的神经化学自我 > 小脑
思考	感受	存在

存在状态

思考 ◄──────── 行动 ◄──────── 存在

图 6D 你不需要实际做任何事情，就可以从思考过渡到存在。如果你对新的意识进行心理预演，意念变成经验的那一刻就会到来。当

这种情况发生时，内在体验的最终结果就是一种情绪或感受。当你能够真实地体验成为理想中的那个人会是什么感觉时，你的身体就会（以潜意识形式）开始相信它正存在于那种现实中。此刻，你的意识和身体开始合二为一，你还什么都没有做，就已经"成为"了理想中的那个人。你会仅凭意念就进入了一种新的存在状态，并会更乐意以与这种存在状态相匹配的方式去思考、去行动。

提醒各位，当你处于一种新的存在状态——新的人格——时，你也创造了新的个人现实。我再重复一下：新的存在状态会创造新的人格……新的人格会制造新的个人现实。

那么，要怎样才能知道冥想是否激活了三个大脑并产生了预期效果呢？很简单：如果你真正投入了这个过程，你就会感到自己有所不同。如果你觉得自己和以前完全没什么两样，同样的催化剂在你身上依然产生了同样的反应，那么，量子场中就什么都没有发生。与从前一样的意念和感受在场中复制了同样的电磁信号。你没有发生任何化学、神经或其他方面的改变。但是，如果你在冥想结束后站起来时，感到自己和冥想开始时不同了；如果你能将这种改变后的意识和身体状态一直维持下去，你就真的改变了。

在内部发生的改变——即你创造的新存在状态——会在外部产生影响。你已经超越了宇宙的"因果模型"——就是那个老式的牛顿概念，这种概念认为你的意念、行为和情绪完全由外物支配。下面我会对这一点再做一些讨论。

如果因为你的努力，生活中发生了一些意想不到或新奇的事情，你就知道，自己的冥想有结果了。因为你正以不同的方式思考和感受，所以就是在改变现实。当意念和感受合作时，它们能够做到这一点；当它们各自为政时，它们就做不到。我想再次提醒大家：你不能思考的是这样，感受的是那样，却还盼着生活能发生什么改变。意念和感受的结合就是你的存在状态。改变你的存在状态就是改变你的现实。

这正是相干信号真正发挥作用的地方。如果你能向量子场发送一种在意念和感受上彼此相干（存在状态）的信号，不受外在环境的束缚，那么你的人生就会出现不同。当人生真的发生改变了，你无疑会体验到强烈的情绪反应，这种情绪会激励着你再去创造新的现实——而且，你还可以用这种情绪来创造更美妙的体验。

现在让我们说回牛顿。我们所有人都习惯了牛顿的观点，认为人生是由因果关系支配的。当生活中有好事情发生，我们会表达感恩和喜悦。于是，我们终此一生都在等待外界的某人或某物来左右我们的感受。

与此相反，我要求大家把控制权握在自己手中，将这个过程扭转过来。我们不应该被动地等待某个让自己产生某种感觉的理由，而是要在这种体验在物理领域真实发生之前就去感受它，在情绪上说服我们的身体，让它相信有一种"引发感恩"的体验已经发生。

为了做到这一点，你可以从量子场中挑选出一个潜在的现实，并与它建立联系，了解如果此时你正在体验它，会是一种什么感受。为什么要这样做呢？我是在要求大家利用自己的意念和感受，去切身体会那个未来自我，也就是那个可能出现的自己。冥想过程一定要鲜活逼真，直到你开始在情绪上调整身体，进入到相信自己"此时"就是那个人的状态。当冥想结束，睁开双眼时，你想成为什么样的人？如果变成了那个理想自我，或者拥有梦想的一切体验，会是什么感觉呢？

要彻底打破你的存在习惯，就要对"因果论"说再见。选择一个你想要的潜在现实，在意念和感受中活出这个现实，并在事件真实发生之前就心怀感恩。你是否能够接受这样的观点：一旦你改变了自己的内在状态，就可以在无须外部世界提供任何理由的情况下，感到喜悦、感恩、感激或者其他任何一种积极情绪？

当身体仅以你专注的意念和情绪感受为基础，就体验到某个事件在那一刻正在发生，并且让你感到无比真实，那么你就是在当下体验未来。就在你处于那种存在状态的那一刻，在你活在当下的那一刻，在你全然投入那种体验的那一刻，你和存在于量子场中的所有潜在现实都建立了连接。记住，如果你基于熟悉的情绪或预期的结果，让自己滞留在过去或者迷失于未来，就不可能接触到量子场中存在的任何可能。进入量子场的唯一方式就是"活在当下"。

不要忘了，这并不只是一个智力过程。你的意念与感受必须一致。换句话说，这种冥想要求你，从头部起向下进入你的胸襟。敞开你的心扉，好好想想，如果将所有你赞赏的、构成理想自我的特质结合在一起，再将这个结合体具体地表现出来，那会是什么感觉呢？

你可能会提出反对，说自己无法知道那会是什么感觉，因为你从来没有拥有过那些特质并成为理想自我。对此，我的回应是，你的身体可以在你掌握任何实质证据之前，就先于你的感官体验到那种感觉。如果一个你从未体验过，但一直渴望的未来真的出现在生活中，你一定会在那个时刻体验到一种积极情绪，如喜悦、兴奋、感恩……所以，这些情绪是你可以非常自然地专注其中的。那些只是过往残留物的消极情绪再也不能奴役你，相反，你正在让那些积极情绪为你所用——帮助你创造未来。

感恩、爱等积极情绪都具有一种较高的频率，它们将帮助你进入一种存在状态，在这种状态中，你会感到渴望的事件似乎真的已经发生了。如果你处于一种积极状态中，你发送到量子场的信号就是"事件已经发生了"。感恩能在情绪上将身体调整到相信让你感恩的事件业已发生的状态。通过激活并协调三个大脑，冥想让我们从思考直接前进到存在——一旦你处于一种新的存在状态，就会更容易用与这种状态匹配的方式去行动和思考。

也许你一直觉得很奇怪，为什么在某个体验真实发生前，要进入一种感恩状态或表达感恩会不太容易。有没有这样的可能：你一直靠着某种记忆中的情绪生活，而这种情绪已经在潜意识层面变成了你个人身份中不可或缺的一部分，以至于你除了一直习惯的方式，已经无法再用其他的方式去感觉？如果是这样，也许你的个人身份已经变成了一个"外在自我"如何干扰你并试图改变"内在自我"的问题。

在下一章里，我们将研究如何弥合"外在自我"与"内在自我"之间的那道鸿沟并带来真正的解放。当你能够毫不费力

地感受到感恩、快乐或爱上未来，不需要外人、外物或外在经
验来让你产生这些感受，这些积极情绪就能够成为点燃你创造
激情的燃料。

CHAPTER SEVEN

第七章

鸿沟

　　有一天，我坐在沙发上，思考何为快乐的问题。当我想着自己那完全没有快乐可言的现状时，不由想到，假如生命中那些重要的人知道我的这种想法，会说些什么话来给我打气呢？我甚至可以逐字逐句地想象出来：你是这么幸运，幸运到让人觉得不可思议。你的家庭那么美好幸福，孩子们那么漂亮可爱。你是个成功的脊椎治疗师，你给成千上万人做演讲，周游世界，去了那么多不寻常的地方。你甚至还写了一本书，反响很不错。不错，他们在情绪和逻辑上都切中了要点。但对我而言，有什么地方却不太对劲儿。

　　在人生的这段时期，我每个周末都要在各大城市之间辗转奔波，给不同的人群做演讲。有时候，我要在三天内赶两个城市的场子。我突然想起，原来我已经忙得没有时间去真正练习自己正在向人传授的东西了。

这是一个令我极度不安的时刻，因为我发现，我的所有快乐都是从外界得来的，而在旅行或演讲中体会到的快乐并不是真正的快乐。似乎我需要外界的每个人、每样东西、每个地方才能让自己感觉良好。我投射到世界的形象需要依靠外在因素来支撑。当我没有外出演讲、做采访或治疗病人，而是待在家中时，我会觉得空虚。

不要误会，在某种程度上，这些身外之物都是很棒的。如果你询问任何一个见过我在演讲、在飞机上全神贯注准备演讲稿、在机场或酒店大堂回复动辄数十封邮件的人，他都会告诉你，我看上去非常快乐。

悲哀的是，如果你在上述这些时刻询问我，我很有可能给你同样的回答：是的，一切都很棒。我感觉很好。我是个幸运的人。

但是，如果你在其他时刻碰到我，当所有外在刺激不再对我狂轰滥炸的时候，我会以完全不同的态度回应你：有什么东西不对劲儿。我感到不安。所有的一切似乎都是老样子。好像少了什么东西。

就在那一天，我认识到了自己感觉如此不快乐的核心原因，还认识到，我需要外在世界来提醒自己是谁。我的身份认同变成了曾经和我谈话的人、去过的城市、旅行途中做的事情，以及需要用来反复确认自己是个叫乔·迪斯派尼兹的家伙的那些经历。当周围没有人能帮助我想起自己是这个世界的人物时，我就不再能确定自己是谁了。事实上，我发现所有我感知到的快乐真的只是对外在刺激的反应，是这些刺激让我产生了某些特定的感觉。于是我明白，我完全对自己的环境上瘾了，并且要依赖外部线索来强化自己的情绪成瘾。这是多么令人震惊的一刻。我听过千万次"快乐来自内心"这句话，但从来没有如此感同身受。

那一天，我坐在家中的沙发上，从窗户望出去，一副画面浮现在我眼前。我仿佛看到了自己的两只手，一只在上，一只在下，被一道深深的鸿沟隔在两端，如图 7A 所示。

内外自我之间的鸿沟

外在自我
- 我投射到外部环境中的个人身份
- 我希望在你心目中的样子
- 外观
- 呈现给世界的理想形象

内在自我
- 我的感受
- 我真正的样子
- 内在本来面目
- 自我心目中的理想形象

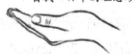

图 7A "外在自我"与"内在自我"之间的鸿沟

上面那只手代表的是我外在表现出来的样子，下面那只手代表的是我所知道的自己内在本来的样子。在自我反思的过程中，我恍然大悟，原来我们人类都生活在一种二元化的状态中，就像两个独立的实体——"外在自我"和"内在自我"。

"外在自我"就是我们投射到世界的形象或者外观。为了让人前的自己看起来是某个样子，为了对他人呈现出一种始终如一的外在实相，我们不惜一切代价。为了达到这个目的所做的一切就构成了那个"外在自我"。所以，自我的第一面，就是那个我们精心装点、想让所有人看到的"门面"。

下面那只手代表的是"内在自我"，是我们真正的感受，尤其是当我们不被外在环境干扰时的感受；是不再满脑子被"生活"占据时，我们熟悉的那些情绪；是我们不想让他人知道的那一部分自己。

当我们把一些已经成瘾的情绪状态如负罪感、羞耻感、愤怒、恐惧、焦虑、挑剔、抑郁、自大、仇恨等存储起来的时候，就在"外在自我"与"内在自我"之间挖了一条深深的鸿沟。"外在自我"是我们想让别人看到的样子，"内在自我"是我们在不和生活中的各种人和事接触时的存在状态。如果我们坐下来，不做任何事情，只要时间够长，就一定能感觉到"什么"，而这个"什么"就是我们内在的自我。鸿沟大小的决定因素如图 7B 所示。

就像穿衣服一样，我们把一层又一层的情绪穿在身上，这些情绪构成了我们的身份认同。为了记住心目中的自己是谁，我们必须再现相同的体验，以确认自己的人格和相应的情绪。我们以某种身份认同外界所有的人、所有的事物，通过这种认同把自己和外在世界紧紧联系在一起，目的是提醒自己，想要投射到这个世界的形象是什么样的。

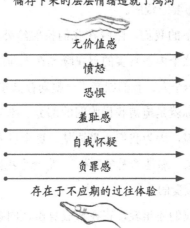

图 7B 鸿沟的大小因人而异。"内在自我"与"外在自我"被那些我们在不同生活时段存储下来的感受（基于过往体验）分隔开来。鸿沟越大，我们对记忆中那些情绪的成瘾性就越大。

"外在自我"变成了人格的外观，要依赖外在世界来记住它是"某人"。它的身份认同完全依附于环境。人格会为了隐藏它真实的感受或驱散那种空虚感而不择手段：我名下有好多辆车，我认识××，去过××地方，能做××事儿，有过××经历，我在××公司上班，我很成功……这就是我们心目中的自己，和周围的一切息息相关。

但是，这和在没有外界刺激下的那个自我——即我们的真实感受——不一样：因婚姻失败而产生的羞耻感和愤怒感；因亲人或是宠物离世而引发的对死亡的恐惧和对是否有来生的不确定感；因坚持完美主义及为了成功不惜一切代价的价值观而导致的不自信；因生长在一个几乎赤贫的环境而产生的不公平感；因体型不能满足大众的审美而导致的满脑子纠结……这些感受都是我们想要隐藏的。

这才是真正的我们，隐藏在我们投射给外界的形象后面。我们无法面对这个内在真实的自我曝光在人前的后果，所以假装自己是另外一个人。我们创造了一整套存储起来的自动程序，它们的运行目标就是掩盖我们脆弱的部分。本质上，我们会就真实的自我撒谎，因为我们心里清楚，这个世界的传统习俗不容那样的人存在。那是"无名之辈"，是一个我们怀疑是否能够被世人喜欢、接受的人。

尤其是当我们还年轻，正在形成身份认同感的时候，往往更有可能做这样的伪装。我们看到，年轻人不断尝试变更不同的身份，就像试衣服一样。说实在的，青少年表现出来的，往往是他们想要成为的那个人的投影，而不是他们真实自我的反射。询问任何一个专门负责青少年问题的心理健康专家，专家会告诉你一个可以贴切地形容青少年真实情形的词语：不安全感。这种不安全感引发的结果就是，青少年和儿童往往在从众行为和拉帮结派中寻找安慰。

与其让世界知道自己的本来面目，不如遵循这个世界的规则，让自己去适应（因为所有人都知道，那些被认为是异端的人会有什么下场）。这个世界复杂而可怕，但是，只要融入某个集体，世界就没那么可怕了，也会变得简单得多。选择你的集体，选好你的位置。

最后，你找到了合适的身份，并按照这个身份成长。或者说，至少你认为是这样的。和不安全感相伴而来的，是大量的自我意识。你会产生一大堆问题：这是真实的我吗？这是我真正想成为的人吗？但是，忽略这些问题要比回答它们轻松多了。

人生经历决定我们的身份认同，保持忙碌可以压下多余的情绪

年轻的时候，我们所有人都遭遇过创伤，陷入过困境，留下了情感上的伤痕。早年经历的那些决定性事件所产生的情绪，一层层地累积，最终让我们变成了现在的样子。面对现实吧，我们都被那些情绪化的事件打下了深深的烙印。当我们反复在心里回顾某段经历时，身体就开始对该事件进行再体验，一遍又一遍，只需要意念就够了。我们让情绪不应期持续得太长了，直到把一个单纯的情绪反应变成心境，再变成气质，最后成为人格特点。

年轻的时候，我们总是忙这忙那，暂时性地回避那些属于过往的、深刻的情绪，将它们扫到地毯下面藏了起来。我们沉醉于结交新朋友、去未知的地方旅行、努力工作以升职加薪、学习新技能或者练习新的体育运动。我们很少会怀疑，驱使着我们积极投入这些活动的，正是某些早期生活事件残留下来的感受。

于是我们真的忙起来了。我们要上学，而且很有可能还要接着上大学；我们买了车；搬到另一个城市、另一个州或者另一个国家；开始职业生涯；遇到新的人；结婚；买房；生孩子；

养宠物；可能会离婚；走出离婚阴影；开始一段新的恋情；发展新的技能或爱好……我们用外界所知的一切来定义自己的身份，不让自己有考虑内在真实感受的机会。因为这些独特的经历产生了无数的情绪，我们发现，这些情绪似乎把自己隐藏起来的那些感受都带走了。确实，这种方法在一段时间内是管用的。

别误会我的意思。在成长的岁月里，我们所有人都会在不同的阶段通过努力让自己达到更高的境界。在我们的一生中，为了实现很多目标，不得不将自己推到舒适区之外，超越那些曾经定义我们是谁的熟悉感受。我当然注意到了生活中的这种动力。但是，如果我们从没战胜过自己的局限，一直背负着来自过去的包袱，过去就会追赶上来，紧紧抓住我们不放。这种情况一般会在 35 岁左右开始（可能会因人而异）。

中年：采用一系列策略让被埋葬的感觉入土为安

到 35 岁或者 40 岁时，我们的人格已经完整了，也已经历了很多人生必须面对的东西。阅历丰富的结果就是，我们可以相当准确地预期大部分经历的结果。在它们发生之前，我们就已经知道它们会带来什么样的感受。因为有过几段好坏不一的恋情；因为参与过商业竞争或者建立了自己的事业；因为遭受了损失也取得过成功；因为知道喜欢什么、不喜欢什么，所以我们懂得生活的那些细微差别；因为可以在某种经历确切发生之前，就预知可能被引发的情绪是什么，所以我们可以在事件真实发生前，决定自己是否愿意去体验这个"已知事件"。当然，这一切都是在我们意识的帷幕后发生的。

这就是棘手的地方。因为可以预测大部分事件会带来的感受，我们也就知道什么东西可以让与"内在自我"有关的感受消失。但是，当我们人到中年时，已经没有什么能够将那种空虚感完全带走了。

每天早晨，当你睁开眼睛，都感觉自己和昨天完全一样。你的环境曾经是你用来消除痛楚、负罪感或苦难的最大倚仗，现在却不再能够带走那些感觉了。为什么会这样呢？你已经知道，当来自外在世界的各种情绪被耗尽，你就会被打回原形，就像一只身上的斑点从没发生过变化的美洲豹。

这就是大部分人都有所了解的中年危机。有些人真的非常努力地想让那些被埋葬的感觉入土为安，他们的方法就是一头扎进外在世界中去。有人买新的运动跑车（物）；有人租船（还是物）；有人做长途旅行（地方）；还有人加入新的社交俱乐部，认识新的联系人或结交新朋友（人）；有人做整形手术（肉体）；还有很多人对自己的家进行彻底地装修或重建（获得新的东西并体验新的环境）。

所有这些徒劳的努力，或者对新鲜事物的尝试，都是为了让他们感觉好一点或产生不同体会。但是，当新鲜劲儿消失殆尽，他们依然会在情绪上陷在同样的身份认同感里。他们又回到了那个"内在自我"（也就是说，下面的那只手）。他们被拽回了那个已经在其中生活了多年的现实里，目的只是为了保留以某种身份存在的自我感。事实是，他们做得越多——买得越多，消费得越多——那种"内在自我"的感觉就越难忽视。

我们会试图逃离那种空虚感或任何一种痛苦情绪，是因为这些感觉让我们很不舒服。所以，当感觉自己变得有一点失控时，大部分人会打开电视、上网、给某人打电话或发短信。在片刻之间，我们就能数次改变自己的情绪……我们可以去看一部情景喜剧或者网络视频，让自己笑得像个疯子；去看一场足球比赛，感受那种竞争的激情；看会儿新闻，感受愤怒或者恐惧。所有这些外在刺激都可以轻松地转移注意力，让我们不再去想那些多余的内在感受。

科技是最大的消遣，也是高强度的致瘾物。想一想：你可以通过改变外在的某样东西，让自己内在的化学状态立刻发生改变，让某种不想要的感觉消失。不管那个让你内在感觉更好的外在事物是什么，为了能够一再地转移自己的注意力，你都会形成对它的依赖。但是，这种策略并不一定需要科技的加入，任何能够给人带来暂时兴奋的东西都能达到这种效果。

如果不断地玩这种转移注意力的把戏，猜猜最后会发生什么？我们会越来越依赖外物来改变自己的内在。有些人会无意识地在这个无底洞中越陷越深，利用外在世界中的不同方面来让自己无暇他顾——试图再现第一次逃避成功时的感觉。在过度刺激之下，他们才能感到自己和那个"内在自我"是不同的。但是，每个人迟早都会认识到，虽然使用的刺激物还是同样的东西，但他们需要越来越大的量才能找回那种"爽"感。这就变成了不顾一切寻求快乐、不计代价逃避痛苦，他们会在无意识中被某些似乎永不消失的感觉驱动着，过着一种享乐主义者的生活。

不同的中年：面对自己的感受，放弃所有的错觉

在人生的这个阶段，还有一些人并不会孜孜以求将自己的感受埋起来，相反，他们提出了一些很重要的问题：我是谁？我的人生目标是什么？我要去向何方？我汲汲营营，所为何来？什么是上帝？百年之后，我会去向何处？人生还有比"成功"更重要的事情吗？幸福是什么？这一切又有什么意义？什么是爱？我爱自己吗？我爱他人吗？而灵魂正在苏醒……

这些问题开始占据我们的意识，因为透过错觉和怀疑，我们发现外界没有任何东西能够让自己快乐。有些人终于认识到，环境中没有什么能够与我们的感觉"契合"。我们还认识到，将自我形象投射到外在世界需要耗掉多么巨大的能量，让意识和身体一刻不停地忙碌是一件多么让人筋疲力尽的事情。最后，我们还看到，我们之所以妄图保持那个他人眼中的理想自我，其实是一种策略，目的是确保那种一直在逃避的紧迫感永远追不到我们。这就像是玩杂耍球一样，为了让自己的生活不至于崩溃，我们能让这么多球同时在空中停留多久呢？

这些人没有去买一个更大的电视或更新式的智能手机，他们不再逃避长时间来一直在努力想驱散的那种感觉，而是与它正面相对，专注地看着它。这一切发生时，个体开始觉醒。在进行了一番自我反思后，他们发现了自己本来的样子、自己的隐藏以及对自己不再有用的东西。于是，他们放弃了那个"门面"，放弃了各种把戏，也放弃了所有的错觉。他们诚实地面对真正的自己，不惜一切代价，而且，他们不再害怕失去一切。

这样的人不会再浪费能量去保持一个虚幻形象的完整——虽然他们以前一直这样做。

他们触碰到了自己真实的感受，然后对生活中的人说：你们知道吗，我是否能让你们开心一点都不重要。我已经不再执着于自己的外在形象，也不再关心他人对我的看法。为他人而活的日子结束了。我要彻底摆脱这些枷锁。

这是一个人的生命中具有深远意义的一刻。灵魂正在醒来，敦促自己说出真相，说出自己的本来面目！谎言结束了。

改变与关系：挣脱束缚

我们大部分关系都建立在与他人的共同之处上。想象一下：你遇到了一个人，很快你们俩开始比较彼此的经历，似乎正在检查两人是否有一致的神经网络和情绪记忆。你会说一些类似这样的话："我知道那些'人'，我从那个'地方'来，我在人生的不同'时间'生活在这些地方。我去了这所学校，学了这个专业。我有这些'东西'，做了这些'事情'。最重要的是，我有这些'经历'。"

然后，另一个人回应说："我知道那些'人'，我在那些'时间'生活在那些'地方'。我也做了那些'事情'，我有那些同样的'经历'。"

因此，你们可以拉上关系了。然后一段关系就基于神经化学存在状态建立了，因为，如果你们有相同的经历，就会有同样的情绪。

我们不妨把情绪当作"活动的能量"。如果你们有共同的情绪，就拥有同样的能量。就像两个氧原子那样——为了结合在一起形成氧气，它们超越时空共享一个无形的能量场，你和生活中所有的事物、人及地方都在一个无形的能量场中结合在一起。人与人之间的关系是最牢固的，因为情绪拥有最强大的能量。只要双方都不改变，一切就都恰到好处。情绪纽带如图 7C 所示。

图 7C　如果我们有相同的经历，就拥有同样的情绪和能量。就像两个氧原子结合在一起形成了我们呼吸需要的氧气，一个无形的能量场（超越空间与时间）用情绪将我们连接在一起。

所以，在上一部分提到的那个真实生活案例中，当朋友向你坦白她真实的感受时，事情会朝着让人不舒服的方向发展。如果她的友情是建立在抱怨的基础上，那么，将她和别人绑在一段关系中的能量就是受害者情绪。假如在某个时刻她恍然大悟了，决定打破自己的存在习惯，不再以那个所有人熟悉的面目出现。可是，她生活中的人同样需要利用她来提醒他们自己是谁。所以，她的家人和朋友会做出这样的反应："你今天怎么了？你伤害我的感情！"这句话翻译出来就是：**我认为我们之前过得挺好，我用你来肯定自己的情绪成瘾，这样我就能想起心目中以"某人"身份存在的自己。我更喜欢之前的那个你。**

涉及改变的时候，我们的能量正和体验过的一切外在事物连接在一起。当我们摆脱对那些熟悉情绪的成瘾性，或者说出自己的本来面目时，需要消耗真正的能量。正如要分开两个结合在一起的氧原子需要花费不少能量一样，断开和生活中其他人之间的纽带也需要能量。

所以，生活中和她拥有共同情绪并通过这种情绪捆绑在一起的人会团结起来说："她最近变了。可能精神出了问题，我们带她去看医生吧。"

记住，这些人是和她拥有共同经历的，因此，他们也和她共享同样的情绪。可是现在，她正在断开与所有熟悉的人、事物——甚至地方——之间的能量纽带。对所有多年以来一直和她玩着同样游戏的人而言，这是非常具有威胁的一刻。她要下车了！

于是他们带她去看医生，医生给开了百忧解或者其他什么药物，很快，她之前的人格回来了。于是一切回到老样子，她再次将那个旧形象投射到世界，再次和其他人结成情绪上的同盟。再一次，她回到那种麻木状态，对一切能避免让她想起"内在自我"的事物笑脸相迎。之前的努力如水过无痕。

不错，那个让大家害怕的人的确不是她自己——不是"上面那只手"所代表的每个人都习以为常的"外在自我",而是"下面那只手"代表的"内在自我"——和过往、和痛苦不可分割的那个人。当我们所爱的人坚持要回到从前那个处于麻木状态、委曲求全的自我,谁又能忍心责备呢?那个新的自我是以让人无法捉摸、甚至不按常理出牌的形象出现的。谁会愿意待在那样的人身边呢?谁愿意和真相待在一起呢?

在人生的终点,什么才是真正重要的

如果你需要外在环境来提醒你自己是"谁",那么,当死亡来临或者环境发生动荡、消失时,会发生什么呢?你知道随之一起消失的是什么吗?是认同生活中所有已知、可知的元素,并对环境上瘾的那个"某人",那个身份,那个形象,那个人格(上面的那只手)。你可能是最成功、最有名或最美丽的人;可能拥有所有你需要的财富……但是,当你的生命终止,外在现实瓦解,所有外在事物将不再能够定义你。一切烟消云散。

留给你的,是那个"内在自我"(下面那只手),而不是外在自我。当人生走到终点,已经无法再依赖外在世界来定义自己,这个世界最后留给你的,就是那些你从未正视过的真实感受。终此一生,你的内心从未进化过。

举个例子,假如你在50年前有过某种让你觉得不安全、觉得自己软弱无能的经历,而且从此以后就再也没能从那种感觉中走出来,那么,我们可以说,从50年前开始,你就已经在情绪上停止了成长。当那种感觉把你的意识和身体锚定在过往事件里,你就永远无法挣脱过去、走向未来。如果某个相似的经历出现在你当前的生活中，它就会在你身上激发同样的情绪，让你现在的反应和 50 年前一模一样。

所以，你的内心会说：注意！我想让你知道，没有什么能带给你喜悦。我忠告你，如果你继续玩这样的把戏，我将不再试图唤起你的注意，你将再次陷入沉睡。那你就要等到生命的终点才能再见到我了……

对致瘾物的需求总是越来越多

大多数不知该如何改变的人会这样想：我要怎样才能让这种感觉消失？如果不断增加的新鲜事物所带来的新鲜感消失殆尽，并且不再管用，这些人会怎么做呢？他们会把目光投向更大的目标，在眼前的基础上更上一层楼，他们的回避策略会变成各种成瘾性：如果我多喝点酒，就一定会让这种感觉消失。外在事物会让内在化学状态发生改变，让我感到美妙无比。我要买很多很多东西，因为购物——就算没那么多钱——能让那种空虚感消失。我要玩电子游戏……要去赌博……要暴饮暴食……成瘾的表现如图 7D 所示。

不管对什么成瘾，人们依然寄希望于某个外在事物能带走那种内在的感觉。记住：我们有一种很自然的倾向，就是将某种使那种感觉消失的外在事物与自己的内在化学改变联系起来。如果这个外在事物让我们感觉不错，我们就会喜欢它。所以，我们会远离那些让自己感觉不好或痛苦的东西，靠近那些让自己感觉舒服或愉悦的东西。

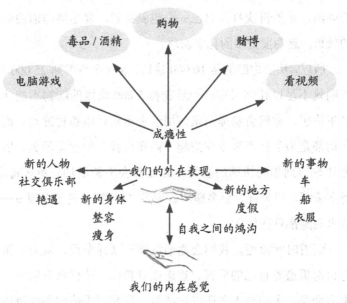

中年危机： 试图从外部创造一个新的身份

图 7D 当生活中只有同样的人和物创造出同样的情绪，我们一直试图逃避的感觉不再发生任何改变，我们就会寻找新的人和物，或者去往新的地方，试图改变自己情绪上的感受。如果这样做没有任何效果，我们就会奔向下一个层次——成瘾。

当人们从致瘾物那里得来的兴奋感持续地刺激大脑的快乐中枢，他们就从这种刺激体验中得到了潮涌一般的化学物质。问题在于，每次他们去赌博、胡吃海塞或熬夜玩网络游戏的时候，都需要比上一次做得更进一步才能得到同样的满足。

为什么一般人对毒品、购物或艳遇的需要总是越来越大呢？这是因为，这些行为导致的化学冲动激活了细胞外的受体部位，将细胞"启动"了。但是，如果受体部位持续受到刺激，它们就会脱敏并关闭。所以，它们需要更强烈的信号，更大量的刺激，才能再次打开自己——也就是说，要达到与前面同样的效果，就需要更多的化学物质。

所以，从前你赌的是 10 000 块钱，现在至少得赌 25 000 块，否则就不足以让你兴奋；一旦花掉 5 000 块钱的购物不能让你产生快感，你就会刷爆两张信用卡去重新体验那种冲动。而这一切都是为了让那种令你想起"内在自我"的感觉消失。所有能让你得到相同快感的事情，强度都会不断增加。更多毒品、更多美酒、更多性、更多赌博、更多"血拼"、更多视频……你心里清楚都有些什么。

随着时间流逝，我们会逐渐沉迷于某样东西，就为了缓解每日都折磨着自己的痛苦、焦虑或者抑郁。这样做有错吗？也不完全是。大部分人之所以这样做，只是因为他们不知道该如何从内部改变自己。他们唯一能做的，就是顺从本能的冲动，寻求感觉上的解脱，而且，他们无意识地认为自己的救赎来自于外界。从来没有人告诉过他们，利用外在世界来改变内在世界只能让情形越来越糟，只能让外在自我与内在自我之间的鸿沟越来越宽。

假设我们的人生抱负就是取得成功并拥有更多东西，那么，当我们实现抱负的时候，就强化了自己是谁的概念，完全不去理会内心真实的感受。我把这种情况称之为"被所有物所有"。我们成了物质对象的所有物，而这些东西不断地强化了我们的外在自我，这个自我需要外在环境来提醒它自己是谁。

如果我们等待着由外界的某样东西给自己带来快乐，就没有遵循量子法则。我们正在依赖外界来改变内在。如果我们这样想："要是我有了能买更多东西的财富，一定会欣喜若狂。"那就越活越倒退了。我们必须在财富出现之前就变得快乐。

如果瘾君子们得不到更多的满足会怎么样？他们会感到更愤怒、更挫败、更痛苦、更空虚。他们可能会尝试其他的方法——在酗酒之外加上赌博，在沉迷电视和电影之余爱上购物。然而，最终他们会发现，什么都不能带来真正的满足。大脑的快乐中枢在经过这样一番折腾后，已经被重新调整到一个极高的水平，当外界已经无法再引起内部的化学改变时，这些瘾君子们就已经失去了从最简单的事物中发现快乐的能力。

关键是，真正的快乐与任何能让你产生快感的事物无关，对高强度刺激物所致快感的依赖，只能让我们离真正的快乐越来越远。

更大的鸿沟：情绪成瘾

在这里，我把对毒品、酒精、性、赌博、疯狂消费等的迷恋泛指为物质成瘾，对于这些物质成瘾所造成的伤害，我完全没有轻视的意思。这些问题给不计其数的人造成了巨大的伤害，既包括被成瘾性折磨的直接受害者，也包括那些成瘾者的亲人和同事。虽然很多有上述经历或其他成瘾性的人可以用本书中的方法来战胜自己的问题——因为它们也是"三元"的一部分，但关于如何克服这些成瘾性的具体方法，则不属于本书的讨论范围。不过，我们必须认识到，在每一种成瘾性后面，都有某种存储下来的情绪在驱动着这些行为。

但有一项内容不但在本书的讨论范围内，还是本书的中心目标，那就是帮助人们打破自己的存在习惯，无论他们眼中的自己是酒鬼、色情狂、赌徒、购物狂，还是长期孤独、抑郁、愤怒、痛苦、体弱多病的人。

在面对这条鸿沟时，你可能会这样对自己说：好吧，我当然对别人隐藏了自己的恐惧、不安全感、软弱以及阴暗面。如果让这些东西如脱缰的野马一样，完全暴露于人前，那我可能就别想得到他人的关心和重视了，更别提对自己的关心了。从某种意义上说，事实确是如此。但是，如果我们要冲破藩篱，就意味着必须面对真实的自我，并把人格中的那些阴暗部分拿出来见见光。

而我所用方法的好处，就是让你可以去面对自己的那些阴暗面，却不需要把它们曝光到日常现实中。你不需要傻乎乎地走进办公室或者家庭聚会的地方，大声宣告说："喂，大伙儿都听着！我是个坏人，因为在很长一段时间里，我对父母充满了怨恨，认为他们总是把很多时间花在弟弟妹妹们身上，让我感觉自己的需要被完全忽略了。所以，我现在真的是个很自私的人，为了摆脱那种没人爱、不满足的感觉，我总是渴望得到关注，总是想立刻得到满足。"

恰恰相反，你可以在自己的家里、在内心世界私下里进行，消灭自我那些消极的方面，将身上那些不好的特点用更积极、更有用的特点取而代之（或者，用比喻的方法说，至少可以减少它们的出场率，只允许它们偶尔地、短暂地露个脸）。

我希望大家忘掉那些往事，因为正是它们，让那些被你存储下来且已变成人格组成部分的情绪理直气壮地登堂入室。当你还陷在过往情绪的纠缠中难以脱身时，如果一味地去分析自己当前的问题，是解决不了问题的。回顾或再现那些当初导致问题的经历和事件只会让往日的情绪卷土重来，让你找到一个再次重温它的理由。是你的意识创造了生活，当你试图在同一个意识中去搞清楚这个生活时，就会把自己的生活给分析过去，然后心安理得地不思改变。

大家千万不要这样做，相反，我们应该将那些束手束脚的情绪从记忆中删除。不带情绪电荷的记忆被称为"智慧"。然后，我们就可以客观地、不经情绪过滤地审视那些往事，看看当初自己是什么样的人。如果刻意地将情绪忘记（*或者尽最大努力将其彻底消除*），我们就能从那种感觉的限制或约束中解放出来，自由地生活、思考和行动。

所以，如果一个人放下所有不幸，好好生活，比如，投入一段新恋情，找到一份新工作，搬到一个新的地方，结交新朋友……那么，当他回首往事时，就会发现，是往事带来的不幸让他超越了过往的自己，成为一个全新的人。只要明白了自己确实能够克服问题，他的观点就会发生改变。

弥合乃至消除"内在自我"与"外在自我"之间的鸿沟，可能是我们所有人在生活中都会面对的最大挑战。不管我们把这个过程叫作什么——是"真正地生活"也好，是"战胜自我"也好，是"让他人接纳真实的自己"也好，它都是大多数人渴望的。改变——弥合鸿沟——必须从内在开始。

然而，我们大部分人往往只有在面临危机、创伤或让自己备受打击的诊断结果时，才会想要改变。这样的危机通常以挑战的形式到来，可能是身体上的（比如说，一次事故或者某种疾病）、情感上的（例如，所爱的人永久离去）、精神上的（例如，接二连三的挫折让我们怀疑自己的价值，甚至怀疑宇宙的运行方式不对），或经济上的（可能是失业）。注意，上述所有例子都与"失去"有关。

为什么要等到创伤或丧失发生，等到你的自我在消极的情绪状态中失衡，你才想到改变呢？很明显，当灾祸降临时，你往往已如俗话所说，被打击得一蹶不振了，是根本不能像平常那样处理事情的。

当形势逼人，而我们也确确实实被打击得精疲力竭的紧要关头，我们会说：不能再这样下去了。不管要付出什么样的代价或经历什么样的感受（身体），也不管还要熬多久（时间），无论生活会发生什么（环境），我都要改变。我必须改变。

我们可以在痛苦和折磨中吸取教训，挣扎应变，也可以在欢欣鼓舞中自发学习，主动求变。没有必要非得等到极度不舒服的时候，才被迫从习惯状态中走出来。

弥合鸿沟的附带结果

大家知道，你们要掌握的关键技能之一，就是自我觉察。这也是我对下章将要讨论的冥想的简短定义。在冥想中，你将仔细审视那些对你的人生影响深刻的消极情绪状态；将清楚看到驱动着你的意念和行为的人格初始状态，这样你就能对它们的细微差别了如指掌。久而久之，你就能利用这些观察的力量来帮助自己消除消极的情绪状态。通过这种方式，你把情绪交给了一个更伟大的意识来处理，将那道横亘在"内在自我"与"外在自我"之间的鸿沟消除了。

想象一个画面：你站在一个房间里，双臂向两侧平伸，分别推着两面逐渐向你逼近的墙。如果你试图用双臂的力量让自己免于最终被两面墙夹成碎片，你知道需要花费多少能量才能做到吗？如果不这样辛苦地与两面墙抗衡，而是放开它们，向前走几步（毕竟，那条鸿沟和一扇门也有相似之处，不是吗？），走出那个房间，进入另外一间全新的屋子。被你留在身后的那个房间会怎么样呢？墙壁已经完全合在一起，你已经没有办法再挤进去了。鸿沟弥合了，你被分割开的部分也统一起来了。那些曾被你用来撑开墙壁的能量又会怎样呢？物理状态的能量是不能被创造也不能被破坏的，只能被转移或者转化。这就是当你真正认识到，任何意念、情绪、潜意识行为都不可能水过无痕时，将千真万确地发生在你身上的情形。

你可以换一个方式来看这个问题：你将进入潜意识的操作系统，将所有的数据和指令调入你的意识觉察中，真切地看到那些曾经将你的人生操控得团团转的冲动与癖好是源于哪里。你意识到了那个潜意识中的自我。

挣脱情绪纽带的束缚后，我们就解放了自己的身体。身体不再是那个日复一日活在相同过去中的"躯体化意识"。当我们从情绪上解放了身体后，那道鸿沟就弥合了；当我们弥合了那道鸿沟，那些曾被用来制造鸿沟的能量就被释放了；有了这些能量，我们就有了用来创造新生活的原材料。弥合鸿沟的过程如图 7E 所示。

弥合鸿沟

当你将储存的情绪逐层删除， 能量就得到了解放。

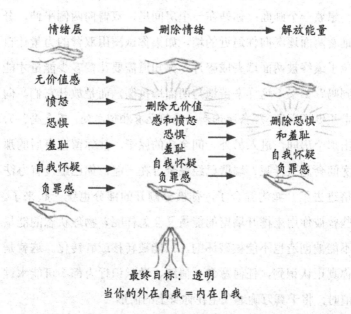

最终目标： 透明
当你的外在自我＝内在自我

图 7E　当你把所有已成为自己身份一部分的情绪删除后，就弥合了"内在自我"与"外在自我"之间的鸿沟。这种现象带来的结果就是，身体中那些以情绪存储的形式存在的能量被释放出来了。一旦那种情绪的意识从身体解放出来，能量也被释放到量子场中，供身为创造者的你使用。

　　断开情绪成瘾捆绑带来的结果就是，这种能量释放如同注射了一剂灵丹妙药。你不但感觉自己充满能量，还会体会到一种可能已经久违的情绪——快乐。当你把自己的身体从情绪依赖中解救出来，一定会感到精神高涨，士气大振。你有长途自驾游的经历吗？当你终于能从车里钻出来，可以稍微舒展一下身体，呼吸新鲜的空气时，汽车轮胎摩擦路面的声音、空调的呼呼声一下子没了，那是一种何其美妙的感觉。想象一下，如果在长达 2 000 公里的旅途中，你一直被锁在后备箱里，当你被放出来后那种重见天日的感觉！对很多人来说，那确实就是从车里出来活动腿脚时的真实感受。

千万别忘了，仅仅留意你一直以来是如何思考、感受和行动是不够的。冥想要求大家更主动。你还必须披露真实的自己，全盘招供被你藏在那道鸿沟阴暗之处的东西是什么，把它们拖出来放到光天化日之下晒一晒。当你真正看清楚一直以来你对自己的所作所为，你必须对着这堆烂摊子说一句：这已经不再符合我的最大利益了。这已经对我没有用处了。这从来不是对自己的关爱。然后，你就可以下定决心去追求自由了。

通过走出过往，我们可以着眼未来

考虑一下，你有多少创造性的能量被绑死在与过往的人和经历相关的负罪感、挑剔、恐惧和焦虑情绪里；想象一下，如果将所有破坏性的能量转化为建设性的能量，你能做多少有益的事；思考一下，如果没有专注于生存（自私情绪），而是出于积极的意愿去努力创造（无私情绪），你将取得多大的成就！

问问自己：是哪些来自过往经历的能量（以有限情绪的方式）被我紧紧攥在手里，强化了我过去的身份，并在情绪上将我与当前的现实紧紧绑在一起？我是否能够对这些能量加以利用，并将它转化为一种能创造新结果的积极状态？

冥想能够帮助你剥离一些情绪，摘下一些面具。这两样东西都阻止了大智慧在你内部的流动。这些情绪层脱落后，你会变得通透。当你的"外在自我"就是"内在自我"时，你是通透的。如果按照这种方式生活，你就能体会到那种充满感恩、极度喜乐的状态，我相信，这种状态才是我们自然的存在状态。当你做到这一点时，就开始走出过去，着眼未来。

当你除去阻碍这种智慧在内部流动的层层遮挡时，你会变得富有智慧。你会变得更有爱心，更无私付出，更明察秋毫，更随心所欲——因为这是智慧本身的意识。鸿沟弥合了。

在这个阶段，你会感到幸福和完整。你不再依靠外在世界来定义自己，那些你正在感受的积极情绪是无条件产生的。没有任何人、任何事能让你产生这样的感觉。你幸福，你振奋，只是因为你是你。

你不再活在一种匮乏或充满欲望的状态。而且，你知道无欲无求、知足常乐的状态多么美妙吗？那是你可以真正自然地实现一切的时候。大部分人试图在一种匮乏、卑微、孤立或其他充满局限的情绪状态中，而不是从感恩、激情或完整的状态中去创造。

一切都要从意识到鸿沟的存在，并对制造鸿沟、主宰个性的消极情绪状态进行冥想开始。除非你做好仔细审视自己的准备，并温柔诚挚地接近那些不良倾向（不要因为缺点而打击自己），否则你只能永远陷在往事和它们引发的消极情绪里。正视它、理解它、释放它，将意识从身体中引导出来，并将它放入量子场，用借此获得的能量来进行创造。

广告中的小把戏

大家要明白，广告公司和它们的客户完全清楚匮乏的概念，更清楚这种匮乏感在我们的行为中所扮演的关键角色。它们会千方百计地让我们相信，它们有办法消除那种空虚感——那就是认同它们的产品。

广告商们甚至会把名人的脸放在自己的广告上，在消费者的潜意识里植入一颗种子——"新的你"一定可以和这个人建立某种联系。自我感觉很不好？买点什么吧！无法适应社会？买点什么吧！因为丧失、分离或渴望而情绪消极？这台微波炉 / 大屏幕电视 / 手机……不管什么东西……正合你的心意。你会自我感觉更好，会被社会接受，连蛀牙都会减少 40% 呢！我们每个人都在情绪上被这种匮乏概念所操控。

说说我的转变是如何开始的

在本章的开篇，我提到了我坐在沙发上，意识到真实的自己与呈现在世人面前的自己之间有一道深深鸿沟。所以，我想用接下来的故事作为本章的结尾。

就在这件事情发生期间，我频繁地旅行，到处做演讲。当我在人群面前滔滔不绝时，觉得自己真的充满活力，而且相信自己给人的印象是快乐的。但是，就在沙发上那一刻，我感到麻木。这就是我深受打击的时候。我必须用所有人期待的那种形象出现，而这个形象是以我在影片中的样子为基础的；我必须相信自己是另外一个人，需要世界来提醒我，这个人是谁。事实上，我活在两种不同的生活里，而我再也不想陷在这样的生活里了。

那天早晨，当我独自坐在沙发上时，感觉自己的心在跳动。我开始琢磨，是谁在让我的心脏跳动。就在刹那间，我认识到自己与那个内在的智慧疏离了。我闭上眼睛，将所有的注意力都放在它上面。我开始承认自己是谁，一直隐藏的是什么，以及自己有多不快乐。

然后，我提醒自己，我再也不想要的那个自我是什么样子的；然后再以那个人格为基础，决定自己再也不想要什么样的生活。接下来，我仔细观察那些强化"旧我"的无意识行为、意念以及感受，并不断地加以温习，直到对它们了如指掌。

然后，我用新的人格仔细思考，自己确实想成为什么样的人……直到我变成这种人格。突然之间，我开始产生不同的感觉——喜悦。这种喜悦与外界所有的一切无关，这是一个独立于所有外物的身份认同的一部分。我知道，我正在接近某种东西。

在沙发上进行了第一次冥想后，我几乎立刻就产生了反应，这引起了我的注意，因为当我站起来时，和之前坐下去的那个人已经不同了。站起来时，我感觉自己如此警觉，如此鲜活。

眼前的很多东西对我来说都宛如初见。有些面具被摘下了，而我想要摘下更多。

所以，在接下来的 6 个月时间里，我处于半隐居状态。虽然还在一定程度上维持着临床工作，但取消了所有的演讲。朋友们都认为我失去理智了（确实），因为当时我的一部纪录片的影响力正处于巅峰时期，他们还提醒我能趁着这个机会挣多少钱。但我说，在我能够以"自己"心目中的理想形象，而不是世人眼中的理想形象生活之前，我不会再走上舞台。在成为自己所谈到的那些理论的真实案例之前，我不想再给人做演讲。我需要时间来冥想，让生活发生真正的改变；我希望我的快乐是源自内心的，而不是来自外界。我希望能给来听我演讲的人留下那样的深刻印象。

我的蜕变并非即刻发生的。我每天都进行冥想，审视那些自己不想要的情绪，一个都不放过，然后将它们一一删除。我开始了"反学习"与"再学习"的冥想，花了数月的时间来改变自己。在这个过程中，我非常有目的地解体了旧的身份，打破了自己的存在状态。

就在这个时候，我开始感受到一种莫名的喜悦。我变得越来越快乐，而这种快乐与外界的任何东西无关。现在，我每天早上都会留出时间进行冥想，因为我想要更深地进入那种存在状态。

❈

不管是什么吸引你来阅读这本书，当你下定了改变的决心，就必须从旧的状态走出来，进入一种全新的意识。你必须对自己当下的行为、思考、生活、感受、存在……有非常清晰的觉察，直到认识到这不是真正的你，你不想再以这样的方式存在。这样的转变必须是发自内心的。

　　你即将学习的，就是我所做的，是我在追求个人改变时采用的方法。不过，要有信心——你很可能已经在生活中做到了类似的事情。你现在要做的，只是再多了解一点点与冥想相关的知识，将这种改变方法变成属于自己的技巧。让我们开始吧。

第八章

冥想：揭示神秘的未来波

在前一章中，我描述了弥合"内在自我"与"外在自我"之间那道鸿沟的必要性。当我们有能力做到这一点时，就前进了好几步——将那些需要的能量解放出来，帮助我们按照那些历史伟人树立的榜样来改变自己，实现理想自我。

正如我之前说过的，打破自我存在习惯的关键之一，就是努力让自己变得更敏锐、更善于观察——不管这样做是让你更具元认知能力（监控自己的意念）、沉浸于安静状态，还是更专注于自己的行为并用心察探那些环境因素是如何激发情绪反应的。那么，最大的问题来了：你要怎么做到这一切呢？

换句话说，你要怎样才能变得更有观察力，才能打破与身体、环境及时间之间的情绪捆绑并弥合那道鸿沟呢？

答案很简单：冥想。阅读至此，你可能已经多次注意到了这个概念，我也已经循循善诱地对冥想做了概述——说它是打破自我存在习惯、开始以理想自我的身份创造新生活的方法。我还说过，本书第一部分、第二部分提供的信息是为了让你做好准备，在应用第三部分中讨论的冥想步骤时，能够明白自己该做什么。

提到冥想这个术语时，你的脑海里可能会出现这样的形象：一个盘腿坐在家中神龛前的人；一个满脸胡子、身着长袍，正坐在喜马拉雅山脉一个隐蔽洞穴中的修行者……那样的形象可能代表了你对下面这些概念的理解：入静、清心、专念，或冥想练习的任何一个变种。

冥想的技巧不胜枚举，但是，在本书中，我希望帮助大家从冥想中得到你最想要的好处——能够接触并进入潜意识的操作系统，这样你就能从那种简单的存在状态和你的意念、信仰、行为、情绪中脱身出来，转而观察它们……然后，一旦你进入了潜意识系统，就能够在潜意识中将你的大脑和身体重新编程，让它们适应一个新的意识。当你从无意识地产生各种意念、信仰、行为及情绪的状态中解脱，并有意识地应用自己的意志来操控它们时，就能够摆脱旧的存在状态对你的束缚，变成一个新的自我。那么，你要如何才能进入潜意识的操作系统并将无意识意识化呢？这就是本书接下来要讨论的内容。

冥想定义之一：熟悉自我

"冥想"的本意是"去熟悉"。因此，我把"冥想"这个术语作为"自我观察"和自我发展的同义词。毕竟，要熟悉某样东西，我们就必须花时间去观察它。此外，进行任何改变的关键时机，就是从"处于这种状态"前进到"观察这种状态"。

我们还可以用另一种方式来看待这种转变，那就是你从一个行为者过渡到行为观察者。我可以用一个简单的类比：当运动员或表演者——高尔夫球手、滑雪运动员、游泳运动员、舞者、歌手或演员——想要对自己的技巧进行某些改变时，大部分教练会让他们观看自己的录像带。如果根本不知道新旧之间有何区别，你要如何才能将旧的操作模式变成新的？

旧自我与新自我之间同样如此。当你想改变某种行为方式时，如果不知道这种方式究竟是怎么回事，又谈何改变呢？我经常用"反学习"这个术语来形容这个阶段的改变。

这个"熟悉自我"的过程在两个方面都起作用——你需要同时"看明白"旧的自我和新的自我。你必须非常精确、警觉地观察自己，要达到什么程度呢？正如我之前描述过的，直到任何一个无意识的念头、情绪或行为都不能逃过你的觉察。因为你拥有现成的装备——面积不小的大脑额叶——来完成这项任务，所以你可以审视自己，并决定为了让人生更精彩，需要进行哪些改变。

下定决心，告别过去的你

当意识到了扎根于潜意识操作系统、被习惯化了的旧自我的那些无意识层面时，你就开始了彻底改变自己的过程。

当你非常认真地想干点不同的事情时，你通常会采取哪些步骤？你会先把自己和外界隔开，用一段足够长的时间来考虑该干什么，不该干什么。然后，你开始觉察到旧自我的很多方面，并开始策划一系列与新自我相关的行动。

例如，如果你想变得快乐，第一步就是停止不快乐——也就是说，停止考虑让你不快乐的念头，停止感受那些痛苦、悲伤、辛酸的情绪；如果你渴望变得富有，你大概会下定决心停止干那些会让自己贫穷的事情；如果你想变得健康，就必须停止不健康的生活方式。我举这些例子是想让大家知道，首先，你必须当机立断，不再做那个过去的自己，直到腾出足够的空间来容纳新的人格——新的思维、行为和做事的方式。

因此，如果你闭上眼睛，安静下来（减少感官信息的输入），让你的身体进入静止状态，不再关注线性时间，以此排除来自外界的一切刺激，你就能够用所有的注意力觉察此时此刻自己的思维和感觉。如果你开始注意到意识与身体的无意识状态，并逐渐"熟悉"那些自动化的无意识程序，直到它们变成意识，那么，你就是在冥想吗？

答案是肯定的。"认识自己"就是冥想。

如果你已经不再受限于过往的人格，并且正在观察着这个旧人格的不同方面，那你是否同意，自己就是那个正在观察旧程序（属于过往身份）的意识？换句话说，如果你能够有意识地去观察那个旧自我，你就已经不再是那个旧自我了。你就在从不觉察过渡到觉察的过程中，你开始脱离旧自我，将自己的主观意识客观化了。也就是说，通过观察自己旧的存在习惯，你的有意识参与开始将你和无意识程序分开，并且给了你更多操控这些无意识程序的权力。

如果你成功地用意识抑制了那些已成惯例的身心状态，那么，"不同时激发的神经细胞，不再彼此连接在一起"。就在你将属于旧自我的神经系统硬件拔除的同时，也不再向相同的基因用相同的方式发送信号。你正在打破自己的存在习惯。

期待一个更新、更强的自我版本

现在，让我们再向前一步。一旦你对那个旧自我的熟悉程度，达到了任何意念、行为及感受都无法让你在无意识中落入过往模式时，你可能会同意，逐渐去熟悉新自我是个好主意。你可能会问自己：我想要什么样的自我加强版？

如果你启动自己的额叶，仔细思索那个加强版自我的方方面面，就会开始让大脑用不同于以往的方式工作。当你的额叶（那位 CEO）在玩味那个新问题时，它会俯瞰一下大脑其余部分，并将你存储的所有知识和经验天衣无缝地结合在一起，形成一种新的思维模型。这个模型会帮助大脑创造一个内在表象，让你专注其中。

这种思维过程建立了新的神经网络。当你仔细思量上面提到的那些基本问题时，你的神经元会开始激发，并按照新的序列、模式及组合建立连接，因为你正在用不同的方式思考。而且，每当你让大脑用不同的方式工作时，就是在改变自己的意识。当你计划新行为、推测新可能、想象新的存在方式及梦想新的身心状态时，就会迎来这样的时刻——额叶启动了，"三元"的存在感降低了。当这一切发生时，你正在思考的意念会变成内在经验，你将在神经系统中安装新的软件和硬件程序，似乎新自我的经验已经被大脑识别出来了。如果你每天都重复这个过程，你的理想就会变成熟悉的意识状态。

还有一点，如果你对专注的意念非常用心，用心到将它变成经验的程度，那么，它的最终结果就是某种情绪。一旦那种情绪产生了，你会感到自己已经实现了理想，新的感受会开始逐渐变得熟悉。别忘了，当你的身体把经验当成当下的现实并开始回应时，你将用新的方式发送信号。而且，你的身体将在该事件真实出现之前，就开始发生改变。现在，你走在了时间的前面，最重要的是，你进入了一种新的存在状态——意识与身体合二为一。如果你始终如一地重复这个过程，这种存在状态也会逐渐变得熟悉。

如果你能保持这种意识与身体合二为一的状态，不受外在环境、身体情绪的影响并能超越时间，你的世界就会出现变化。

让我们在此总结一下。根据冥想的工作模型，你唯一需要做的就是提醒自己，不想再要的那个旧自我是什么样的，直到你对那个旧的自我变得无比熟悉——熟悉与它联系在一起的那些意念、行为和情绪，熟悉到能够让那些旧的神经连接不再激发并且断开连接，也不再以同样的方式发送信号。最后，你会在新的意识层面激发新的神经元，建立新的神经连接，并将自己的身体在情绪上调节到与新的意识同步，直到它们变得熟悉无比并成为你的第二天性。这就是改变。

冥想的第二个定义：培养自我

冥想在梵文中是"培养自我"的意思。我特别喜欢这个定义，因为它隐喻着多种可能性。例如，在园艺或者农业中，当你培育土壤的时候，你要利用铁锹或其他工具将休耕了一段时间后变得板结的土地翻开，将"新的"泥土和营养成分翻出来，让种子更容易发芽，让娇嫩的芽扎根。你可能还要除去上一季残留的植物，处理那些在你不注意时长出来的野草，并且搬走因风吹雨淋而露出地面的石头。

上一季残留的植物可能代表你过去的创造物，这些创造物来自从前的意念、行为和情绪——正是它们定义了那个你熟悉的旧自我；野草可能表示长期存在的、在潜意识中破坏你努力成果的态度、信念或对自己的看法，过去你没有注意到它们，因为你的注意力被其他东西分散了；石头可能象征着个人的阻碍和限制（它们会随着时间自然地冒出头来，妨碍你的成长）。所有这些，都需要你花心思去处理，才能为新的心灵花园开辟出一片土地。否则，没做好适当的准备工作就去种植新的花草或农作物，只能是徒劳无功。

我希望大家现在能够明白，当你还扎根于过去的土壤时，是不可能创造出任何新未来的。你必须先清除花园（在意识中）中的旧痕迹，然后再播下种子——能创造新生活的新意念、新行为及新情绪，这样才能培养出新的自我。

还有一个关键，就是保证这一切不是毫无计划地随机产物——我们不是在讨论野外的植物，它们会将种子随心所欲地播散到四面八方，最后能落地生根并开花结果的概率微乎其微。相反，耕种需要做出理性清醒的决定——何时犁地，何时栽种，种植什么，种植的作物该如何与其他作物和谐共生，水和肥料该以什么比例混合，等等。要让付出的努力取得成功，计划与准备工作必不可少。这一切要求我们每天都要"专心致志"。

同样地，当谈论某个人培养对某个特殊专业的兴趣时，我们的意思是，他已经考虑周全地对自己感兴趣的那个领域进行了一番研究。而且，有教养（cultivated）的人就是一个对接触到的东西进行了精心选择，并拥有广博的知识和经验的人。不仅如此，他们在做这一切的时候，绝对不是心血来潮，也很少会听天由命。

当你培养什么东西的时候，其实就是在追求控制权。在改变自我的任何一部分时，都会要求你做到这一点。你不能容许一切"自然地"发展，相反，你要积极介入，并且有意识地设法减少失败的可能。所有这些努力背后的目的就是收获。当你在冥想中培养一种新的人格时，你追求的大丰收就是一个新的现实。

形成新的意识就像培育一个花园。你在心灵花园中营造出来的种种景观就像从泥土中长出来的庄稼一样。好好照料吧。

带来改变的冥想过程：从无意识进入意识

总结一下冥想过程：你必须打破旧的存在习惯，再创造一个新的自我；丢掉原有意识，创造新的；删除旧的突触连接，培养新的；忘记过往情绪并将身体调节到与新的意识和情绪一致；放下过去，创造新的未来。改变的生物模型如图 8A 所示。

改变的生物模型

熟悉的过去	崭新的未来
反学习	再学习
打破你的存在习惯	改造出新的自我
删除突触连接	发展新的连接
停止激发＆断开连接	激发＆连接
删除体内情绪	让身体适应新意识／情绪
放弃旧意识	创造新意识
熟悉旧自我	熟悉新自我
清除程序	重新编程
活在过去	创造全新未来
旧能量	新能量

图 8A　改变的生物模型

　　下面，让我们对这个过程中的几个因素再仔细研究一番。

　　显然，为了避免任何不想体验的意念和感受未经意识审查就通过，你必须培养出强大的观察和专注技巧。在专注和吸纳信息这方面，我们人类能力有限——但是，在无意识状态下，我们却能够比常态下做得更好。

　　要打破自己的存在习惯，明智之举是，选择旧自我的一种品质、倾向或特点，把它当作你想改变的目标，然后专注于这个目标。例如，你可能会以这样的自我提问开始：当我感到愤怒时，我的思维模式是什么？我会对自己和他人说什么？我会怎样表现？从我的愤怒中还会产生哪些其他情绪？愤怒在我体内是什么感觉？我要怎样才能清晰地意识到触发这种愤怒的东西，又该如何改变我的反应？

改变过程要求首先"反学习"，然后"再学习"。学习是大脑的激发和神经的连接，而反学习则意味着神经回路的调整。当你停止用同样的方式思考；当你抑制自己的习惯并戒断那些情绪成瘾时，那个旧自我就从神经上被删除了。

如果神经细胞之间的每个连接都是一段记忆的组成部分，那么，当这些神经回路被拆除后，旧自我的记忆也随之消失了。当你想起过往的人生和过往的自己时，会觉得恍若隔世。那些记忆现在存储在哪里呢？它们会被当作智慧交给你的心灵。

当那些曾经向身体发送信号的意念和感受，在你的意识努力下停止了动作，从那些有限情绪中解放出来的能量就被释放到了量子场中。现在，你有了可以用来设计和创造新命运的能量。

当我们把冥想当作改变的手段，当我们变得清醒和觉察，我们就会逐渐熟悉如何消除自身一些不想要的特点，培养符合期望的特点，并且乐于去做一些必要的事情。

长久以来，我们都自动运行着操控自己的无意识程序，而冥想让我们得以夺回控制权。

觉察首当其冲——意识到这些程序化反应是何时以及如何接管控制权非常重要。当你从无意识状态进入意识状态时，你就开始弥合"外在自我"与"内在自我"之间的鸿沟。

未来的脑电波

如我们所知，知识是经验的先驱，当你学习并体验本书第三部分中提到的冥想时，对大脑在冥想中将要发生的现象有一个基本了解是非常有用的。

你大概已经知道，大脑是电化学性质的。当神经细胞激发时，它们会交换带电的元素，然后产生电磁场。因为大脑的各种活动是可以测量的，测量结果可以提供重要的信息，让我们了解自己正在思考、感受、学习、梦想、创造些什么，以及我们是如何处理信息的。科学家们用来记录大脑电活动改变的最常见技术是脑电图扫描仪（EEG）。

研究发现，人类脑电波频率的范围非常广泛——包括活动水平非常低、通常出现在深度睡眠状态的 δ 波；介于深度睡眠与清醒状态之间的 θ 波；在充满创造力和想象力状态下出现的 α 波；清醒意识状态下出现的高频 β 波；目前发现的最高频率是 γ 波，在意识高度集中的情况下可以看到。

为了帮助大家更好地理解即将开启的冥想之旅，我会概括性地描述一下这些脑电波是如何与你相关的。一旦你知道了这些情况，你就会对自己的每种状态了如指掌——当你的自我在徒劳地试图改变自我（上帝知道，我曾经这么干过）时，你的脑电波正处于哪种状态；当你的脑电波处于何种状态时，正是实现真正改变的大好时机。

随着儿童逐渐长大，占主导地位的脑电波频率从 δ 变为

θ 再到 α 然后变成 β。在冥想状态下，我们要做的就是让自己慢慢变得和儿童一样，使脑电波频率从 β 变为 α 再到 θ 最后到 δ（这是冥想高手才能做到的）。所以，理解脑电波在人类发展中的改变进程，有助于揭开冥想体验过程的神秘面纱。

儿童脑电波的发展：从潜意识到意识

δ **波**。从刚出生到两岁之间，大脑的功能主要是在最低的脑电波水平上进行，频率是 0.5Hz ～ 4Hz（赫兹）[①]。这个范围内的电磁活动被称为 δ 波。成年人处于深度睡眠时的脑电波也是 δ 波，这就解释了为什么新生儿每次醒着的时间通常不超过几分钟（以及为什么就算眼睛睁着，幼儿也能入睡）。当一岁左右的孩子醒着时，他们的脑电波主要也是 δ 波，因为他们的活动基本上都来自潜意识。外界信息进入他们的大脑时，几乎没有任何编辑、评估或判断。他们的思考大脑——新皮质或意识——此时在非常低的水平上运作。

θ **波**。在两岁到五六岁期间，儿童开始表现出频率略高的 EEG 模式。这些 θ 波的频率是 4Hz ～ 8Hz。在 θ 波状态下，儿童往往处于出神状态，主要是在与他们的内在世界连接。他们生活在抽象和想象的世界里，几乎不存在批判性和理性思维。所以，这个年龄段的儿童可能会将你告诉他们的东西照单全收。在这个阶段，下面的这些话会对他们产生巨大的影响：大男孩从不哭泣；女孩子不要大喊大叫；妹妹比你聪明；如果你着凉

[①]赫兹：电、磁、声波和机械振动周期循环时频率的单位，即每秒的周期次数。

了，就会感冒。这类句子会直接进入他们的潜意识，因为他们缓慢的脑电波状态正好是潜意识领域（暗示，暗示）。

α波。5岁到8岁期间，儿童的脑电波再次发生改变，变成了频率为8Hz～13Hz的α波。在这个发展阶段，儿童的分析思维能力开始形成，他们开始解读外部生活的规则并得出结论。同时，他们的内在想象世界倾向于与外在现实一样真实。这个年龄的孩子通常"脚踏两只船"———一只脚在内在想象世界，一只脚在外在现实世界。这就是为什么他们的假装能力那么好。比如说，你可以让孩子假装是大海里的海豚，风中的雪花，或者拯救世界的超级英雄……几个小时过去了，他们依然沉浸在角色里。如果让一个成年人来做同样的事情，你知道结果会是什么……

β波。在8岁到12岁之间，大脑活动进入到更高的频率。在童年时期，频率超过13Hz的脑电波就可以被划入β波的范围。从这个时期开始，跨越整个成年时期，β波会一直持续并达到不同的水平，它代表的是清醒的意识状态和分析性思维。

12岁以后，意识与潜意识之间的那道大门通常已经关闭了。β波实际上可以分为低、中、高三种不同水平。当儿童进入13岁时，脑电波通常会从低频β波上升到中、高频β波，此时就和大部分成年人没什么两样了。脑电波发展图如图8B所示。

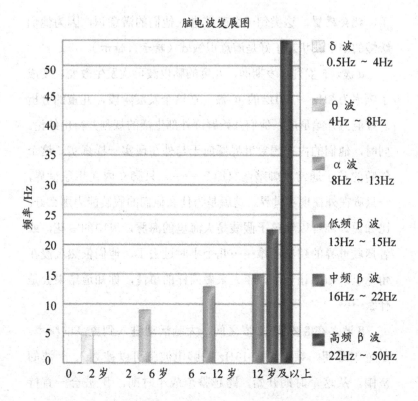

脑电波发展图

δ 波
0.5Hz ~ 4Hz

θ 波
4Hz ~ 8Hz

α 波
8Hz ~ 13Hz

低频 β 波
13Hz ~ 15Hz

中频 β 波
16Hz ~ 22Hz

高频 β 波
22Hz ~ 50Hz

0 ~ 2 岁　2 ~ 6 岁　6 ~ 12 岁　12 岁及以上

频率 /Hz

图 8B　脑电波发展图 —— 从婴儿期的 δ 波到成年期的 β 波。仔细观察 β 波的3个不同水平: 高频 β 波的频率可以是中频 β 波的两倍。

成年人脑电波状态概述

β 波。在你阅读本章内容的时候，最有可能出现的脑电波活动就是 β 波状态，即日常的清醒状态。此时你的大脑正在处理感官数据，试图在外在世界和内在世界之间建立有意义的联系。当忙着理解本书的内容时，你可能会感觉到自己的身体在座位上的重量，可能会听见背景中传来的音乐，也可能会抬眼一瞥望向窗外。所有这些数据都正在被思考大脑，也就是新皮质，一一加以处理。

α波。现在，假设你把眼睛闭上（80% 的感官信息是来自视觉），刻意进入自己的内心世界。由于大幅减少了来自环境的感官信息，进入神经系统的信息也随之变少了。此时你的脑电波自然地慢了下来，进入 α 波状态。你放松了，你不再满脑子充斥着外界因素，而是开始将注意力放在内在世界。你思考、分析得少了。在 α 波中，大脑处于一种浅层冥想状态（当你练习第三部分中的冥想时，将进入更深的 α 波状态）。

每一天，不需要刻意做任何努力，你的大脑就会进入 α 波状态。例如，当你听一个演讲学习新东西时，大脑通常以低、中频 β 波状态运行。此时你正在倾听演讲者传递的信息并分析其中包含的各种概念。然后，如果你觉得听够了，或者对某个适用于自己的内容特别感兴趣时，就会自然地停顿下来，此时大脑进入 α 波状态。之所以会这样，是因为大脑灰质正在对该信息进行巩固加深。而当你凝视半空时，你正在专注于自己内心的意念，并且让它们变得比外在现实世界更真实。在这种情况发生的那一刻，你的额叶正在通过神经连接将该信息传递到你的脑部结构中去……就像魔法一样，你可以记起刚刚学到的是什么。

θ波。在成年人中，θ 波会在朦胧状态或清明状态中出现，处于这种状态时，有些人会觉得自己半睡半醒（意识已经醒来，而身体还在睡眠状态）。这是一种容许催眠治疗师进入潜意识的状态。在 θ 波状态下，我们更容易改编大脑的程序，因为此时意识和潜意识之间没有屏障。

δ波。对我们大部分人而言，δ 波代表的是深度睡眠。在这个范围内意识觉察很少，身体正处于恢复状态。

从上面的概述中我们看到，当我们进入较慢的脑电波状态时，就会更深入潜意识的内在世界。反过来也成立：当我们进入较高的脑电波状态时，就会变得意识更清醒，更关注外在世界。成年人不同脑电波的对比如图 8C 所示。

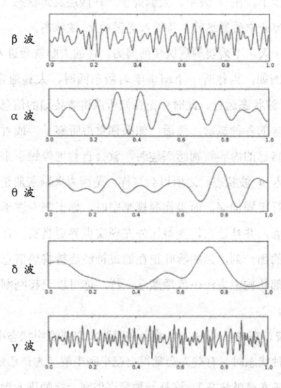

图 8C　成年人不同脑电波的对比

通过反复练习，大家会逐渐熟悉意识世界里的这些不同状态。就像其他任何一件你坚持的事情一样，你会慢慢熟悉每种脑电波模式是什么感觉。你会知道在什么情况下，自己在 β 波状态思考、感受得太多了；你会观察到在什么情况下，自己没有停留在当下，因为你正在从过往的情绪中游走过来，企图预期一个可知的未来；你还可以意识到，自己什么时候处于 α 波或 θ 波状态，因为你能感觉到它们之间的相干性。假以时日，你就能够清楚地知道，自己何时处于某种状态，何时没有处于那种状态。

γ 波：最快的脑电波

频率最快的脑电波是 γ 波，达 40 Hz ～ 100 Hz。（与前面讨论过的 4 种脑电波相比，γ 波更密集、振幅更小，所以，虽然它们每秒的周期数与高频 β 波相似，但两者之间并没有明确的相关性。）具有高度相干性的大脑 γ 波活动通常与积极情绪状态有关，例如喜乐、悲悯，就连觉察力的提高也与它有关，而觉察力通常有助于大脑更好地生成记忆。这是一种高水平的意识，人们通常会将其形容为"超常体验或巅峰体验"。为了契合本书的宗旨，我们不妨把 γ 波视为意识转变形成的附加结果。

三种不同水平的 β 波统治了我们的清醒时间

在大部分清醒的时间里，我们都在关注着外在环境，此时大脑处于 β 波状态。既然如此，就让我们来谈谈这种脑电波模式的三种不同水平。对这个问题的理解将有助于我们将脑电波从 β 波状态变为 α 波状态，并最终将其变成冥想状态下的 θ 波状态。

1. 低频 β 波。低频 β 波被定义为 13Hz ～ 15Hz，当我们处于放松、对什么东西感兴趣时的状态。如果你喜欢阅读一本书，并且熟悉该书的内容，你的大脑可能正以低频 β 波的模式激发，因为你此时给予的是一定水平的注意，但还没有达到警觉状态。

2. 中频 β 波。中频 β 波是我们专注于某种持续的外界刺激时产生的脑电波。学习就是一个很好的例子：如果在你正以低频 β 波的状态阅读这本书，我突然说要考考你，你将不得不打起更多精神，如此一来，新皮质的活动——比如分析性思维——就会增加。中频 β 波介于 16Hz ～ 22Hz。

中频 β 波，甚至某种程度的低频 β 波反映了我们的意识、理性思维及警觉性。它们是新皮质通过所有感官接收外在刺激，并将这些信息集中起来创造某种意识水平的结果。大家可以想象，当我们专注于那些通过视觉、听觉、味觉、触觉及嗅觉收集到的信息时，大脑内部一定会发生大量复杂的活动，才能产生相应水平的刺激感觉。

3. 高频 β 波。高频 β 波的特点是介于 22Hz ～ 55Hz。当我们处于应激情境，那些讨厌的生存性化学物质在体内出现时，就可以观察到这种高频 β 波模式。在这种高度唤醒状态下保持的持久专注，与我们用来学习、创作、梦想、解决问题或者修复创伤时的专注不是同一种类型。事实上，我们可以说，处于高频 β 波的大脑过于专注了。因为大脑变得过于兴奋，身体被刺激过度，以至于我们连任何表面的秩序都无法维持。（当你处于高频 β 波状态时，你只知道自己此时的注意力可能完全放在某件事情上，你实在太过专注了，以至于无法停止。）

高频 β 波：短期内的生存机制，长期的应激和失衡

在紧急情况出现时，对脑电活动的需求总是会大幅增加。大自然赋予我们"战或逃的反应"的本能，帮助我们迅速将注意力锁定潜在的危险情境。心、肺及交感神经系统的强烈生理唤醒导致心理状态发生巨大变化。我们的认知、行为、态度和情绪都改变了。这种注意水平与我们平常的状态有极大的不同。它会让我们表现得像一种拥有脑力极强、跃跃欲试的动物。这种水平的注意会指向外界环境，导致一种高度专注的意识状态。焦虑、担心、愤怒、痛苦、折磨、沮丧、恐惧甚至竞争状态都会诱发高频 β 波出现，并使其在危机期间占主导地位。

在短期内，这种状态能让所有器官运作良好。这种狭窄但过度专注的注意范围并没有什么不妥。我们"实现了目标"，因为它给了我们完成很多事情的能力。

但是，如果我们长期停留在这种"紧急模式"种，高频 β 波就会让我们严重失衡，因为维持高频 β 波需要大量的能

量——它是所有大脑活动模式中最活跃、最不稳定、最变化无常的。当高频 β 波变成长期、失控的状态时，大脑的活跃程度就超出了健康范围。

不幸的是，很多人过度利用高频 β 波的情况已经达到了可怕的程度。我们偏执或强迫；失眠或长期劳累；焦虑或抑郁；把自己视为全能，强行四面出击，或者绝望地面对自己的痛苦却束手无策；争强好胜或者成为环境的牺牲品。

持续的高频 β 波让大脑陷入混乱

为了更好地理解这个问题，我们不妨把大脑的正常活动视为中枢神经系统的一部分，控制并协调着体内的其他所有系统：保持心脏跳动、消化食物、调节免疫系统、维持呼吸频率、平衡荷尔蒙分泌、控制新陈代谢、排除废物……只要意识是连贯而有序的，通过脊髓由大脑传递到身体的信息就会生成让身体平衡、健康的同步信号。

不过，很多人将清醒的时光都花在持续的高频 β 波状态上。对他们来说，每件事都是十万火急。大脑一直停留在快速循环状态，这让整个系统都不堪重负。当你在这种回旋余地极小的脑电波状态下生活时，就像开车的时候只挂一挡却一直在踩油门一样。这些人在人生中一直以这样的状态"开车"，却从不停下来考虑换个挡，让大脑进入另一种状态。

他们不断地重复那些基于生存的意念，这使得各种感受如愤怒、恐惧、悲伤、焦虑、抑郁、对抗、攻击、不安全感以及挫败感等随之产生。他们深深地陷入了这些使他们头脑迷糊的情绪中，试图在这些熟悉的感受中分析自己的问题，而这只能使他们过度关注生存的意念变得更多。另外，别忘了我们能够仅用意念就启动应激反应——我们的思考方式强化了大脑与身体当下的状态，然后这种状态会导致我们用同样的方式思考……这个循环会不断继续，就像蛇在吞噬自己的尾巴一样。

长期持续的高频 β 波会产生一种不健康的"应激化学鸡尾酒"现象，让大脑失去平衡陷入混乱，就像交响乐团跑调一样。大脑的某些部分可能会停止与其他区域的有效合作，各自为政，甚至背道而驰。就像一家人内斗一样，整个大脑不再用有组织的、整体性的方式进行沟通。当应激化学物质迫使思考大脑/新皮质变得越发分崩离析，我们可能会表现得像个具有多重人格障碍的人，只不过是在同时体验多个人格，而不是每次一个人格。

当然，当大脑混乱无序的不相干信号通过中枢神经系统，将光怪陆离的混合电化学信息传递给其余的生理系统时，它就会使身体陷入失衡状态，扰乱体内平衡，为疾病的产生打下了基础。

如果我们长时间在这种让大脑陷入功能混乱的高压模式下生活，心脏就可能会受到影响（心律失常或高血压），消化出问题（消化不良、胃酸逆流及相关症状），免疫功能变弱（感冒、过敏、癌症、类风湿性关节炎等）。

所有这些后果都源于神经系统的失衡，而神经系统之所以不成章法地胡乱运行，罪魁祸首就是应激化学物质的活动和让你将外在世界认定为唯一现实的高频 β 波。

持续的高频 β 波使我们难以专注于内在自我

前面一直在讨论的"应激",是我们对"三元"成瘾的产物。问题并不在于我们的意识和觉察,而是我们在高频 β 波状态时对环境(人、事物、地点)、身体部位及其功能(我饿了……我太虚弱了……我想要个更好的鼻子……和她比起来我太胖了……),以及时间(快点!没时间了!)的过度关注。

在高频 β 波状态下,外在世界似乎比内在世界显得更真实。我们的注意力和意识觉察力主要集中在构成环境的每一种元素上。因此,我们更乐于认同那些物质元素:批评每一个认识的人;挑剔自己的外形;过度关注自己的问题;因为害怕失去,所以紧紧抓住属于自己的东西;忙着去必须去的地方;满脑子都是时间概念。这一切导致我们几乎没有余力来进行真心想要的改变——去进入自己的内在世界……去观察并监控自己的意念、行为与情绪。

当我们过度关注外在世界时,就很难专注于自己的内在现实。我们无法专心于除"三元"之外的任何事物,无法超越狭窄注意力的界限并将心灵打开,总是执着于问题本身而不去思考解决方案。为什么放下外在事物进入内心需要付出巨大的努力?因为处于高频 β 波状态的大脑,不能轻易地换挡进入 α 波那充满想象力的领域。我们的脑电波模式把我们与所有外在元素锁定在一起,就好像它们是真实的一样。

当你陷在高频 β 波状态时,是很难进行学习的——任何与你正在体验的情绪不一致的信息,都很难进入你的神经系统。

但事实上，在当前的情绪状态下，那些让你忙着分析而无暇他顾的问题是无法解决的。为什么呢？这样说吧，你的分析导致大脑 β 波的频率越来越高。这种模式下的思考使你的大脑过度反应，导致你的推理能力差、思维不清楚。

由于那些将你牢牢掌控住的情绪，你此时正在过去的状态中思考——并试图在过去的基础上预测下一刻，这使得你的大脑无法处理当下这一刻。在你的世界里，根本就没有让未知事物出现的空间。你觉得自己被远远地隔绝在量子场之外，甚至无法为自己的环境带来任何新的可能。你的大脑不是处于创造性模式，它一心扑在生存上，满脑子都是可能出现的最糟糕的情形。此外，如果外界信息与这种紧急状态不符合，就很难通过编码方式进入你的神经系统。当周围的一切都让你感觉危机四伏时，大脑就会把生存——而不是学习——放在第一位。

问题的答案，存在于那些你正与之角力的情绪和正过度分析的意念之外，因为这些情绪和意念让你保持着与过往——那些熟悉、已知的东西——之间的联系。要解决你的问题，首先要超越那些熟悉的感受，并用更有条理的思维模式来代替你对"三元"的杂乱关注。

高频 β 波的不相干信号导致意念散乱

正如你所想的那样，当大脑处于高频 β 波状态，而你正在处理感官信息——包括环境、身体及时间——的时候，可能会出现一些混乱。除了要理解大脑中的电脉冲通常会以一定的数量（频率）出现，了解信号的质量也是很重要的。正如我们从对量子创造的讨论中所了解的，为了让量子场知道你期待的未来结果是什么，发送具有高度相干性的信号是至关重要的。而这种相干性对你的思维和脑电波而言同样必不可少。

在任何时候，当你处于 β 波的频率范围之内时，"三元"中的一个因素必定占据了你更多的注意。如果你在考虑迟到的问题，关注的重点就是时间——这种意念正通过你的新皮质发送一种高频电波。当然，你同时也意识到了身体和环境，因此也会发送与它们相关的电磁脉冲。只不过，对于后面两者，你通过新皮质发送的电波模式不同、频率更低而已。

当你专注于时间时，脑电波看起来可能是这样的：

当你专注于环境时，脑电波看起来可能是这样的：

当你专注于身体时，脑电波看起来可能是这样的：

当你试图同时把注意力放在所有与"三元"有关的因素上时，你分散的注意力就会产生类似下图的脑电波模式：

　　如你所见，在应激期间出现的三种不同模式，一起制造了以高频 β 波模式出现的不相干信号。如果你和我有一些相似之处的话，就一定体验过上面最后那张图片所代表的意念形式：杂乱无章。

　　当你和三个维度——环境、身体和时间——都接通了之后，大脑会试图整合分属于各维度的不同频率及脑电波模式。这将占据海量的处理时间和空间。如果我们能够消除对它们中任何一个的关注，出现的脑电波模式将会更相干，我们的处理能力也会提高。相干波与非相干波之间的区别如图 8D 所示。

相干波与非相干波之间的区别

相干波

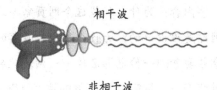

非相干波

图 8D　在上面的图片中，能量是有序、有组织、有节奏的。当能量高度同步和模式化时，它的威力会大大增加。激光器发出的光就是一个例子——能量的相干波一起和谐地移动。而在下面的图片中，能量模式混乱、破碎且不同相。钨丝白热灯泡发出的光是与激光相反的例子——这种信号完全不相干，因而威力大减。

容许你进入潜意识的，是觉察，不是分析

有一种方法可以知道你是否处于 β 波状态：如果你在不断地分析（我称之为"处于分析性思维"），那就是在 β 波状态，此时你是无法进入潜意识的。

"分析致瘫"的说法用在这里非常恰当。这么说吧，当我们大部分时间都在 β 波状态下生活时，这种情况就会发生在我们身上。只有当我们陷入沉睡时（此时我们的脑电波活动处于 δ 波范围），才能摆脱这种状态。

这时你可能会想：但是你说过，我们要保持觉察，要熟悉自己的意念、感受、反应模式……难道这些不需要分析吗？

事实上，觉察可以存在于分析之外。当你觉察时，可能会想"我感到愤怒"。而当你正在进行分析时，你会超越简单的观察，添加一些内容：为什么加载这个网页需要这么长时间？这个愚蠢的网站是谁设计的？为什么每次我着急的时候——就像现在，我急着要拿到一份电影名单——网速就会变得奇慢无比！而在这种情形下，觉察就是简单的注意（就是留心看着）某个正在进行的意念或感受。

冥想的工作模型

现在，我们已经了解了儿童及成年人脑电波的一些基础知识，在这些理论基础上，我们可以建立一个工作模型（参看接下来的 5 张图片），帮助大家理解冥想过程。

让我们从图 8E 开始。科研人员对儿童脑电波模式的研究

让大家知道，刚出生的我们完全处于潜意识的世界里。

早期意识

图 8E　让我们用这个圆圈来代表意识。刚刚来到这个世界的时候，我们是完全的潜意识。

　　接下来，看一看图 8F。那些加减符号代表的是儿童处于发展中的头脑是如何学习的——通过识别与联想，从正性与负性体验中学习，从而产生各种习惯和行为。

　　举一个正性识别的例子。当婴儿感到饥饿或不舒服时，就会大声哭出来，他们是在努力用这种方法与外界沟通，得到母亲的注意。当照顾他们的父母用喂奶或换尿布的方式予以回应时，婴儿就会在他们的内外世界之间建立起重要的联系。只需要重复几次，他们就学会了将"哭泣"与"吃到奶"或"变舒服"联系起来。这就变成了行为。

　　还有一个例子可以很好地说明负性联想是什么——当一个两岁幼儿将他的手指头放在滚烫的火炉上，因为内在世界中出现了疼痛感，他很快就学会了识别这个外在物体是什么——火炉。在几次尝试后，他得到了宝贵的教训。

发展中的意识

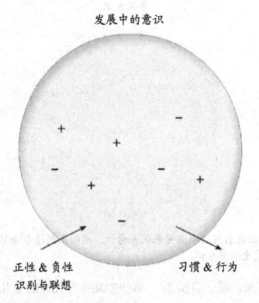

正性 & 负性　　　　　习惯 & 行为
识别与联想

图 8F　一段时间之后，我们开始用联想的方式，利用感官知觉，通过内外世界之间各种不同的互动来学习。

在这两个例子中，我们可以说，在儿童注意到身体内部发生的化学变化的那一刻，他们的大脑就活跃起来，并注意到了外在世界中导致这种改变的是什么，改变可能是愉悦的，也可能是痛苦的。这种识别与联想慢慢开始发展成多种习惯、技巧与行为。

正如大家所知，在大约六七岁的时候，随着脑电波变成 α 波模式，儿童开始发展出分析性思维或批判性思维。对大部分儿童而言，分析性思维的发展通常在 7 到 12 岁之间完成。

冥想带着我们越过分析性思维进入潜意识

在图 8G 中，横亘在圆圈顶部的那条线代表的就是分析性思维，它就像一道屏障一样，隔开了意识和潜意识。对成年人来说，这种分析性思维让他们喜欢去推理、评估、预期、预测，将正在学习的东西与已知内容做比较或者对比已知与未知。在大多数情况下，当成年人处于清醒状态时，他们的分析性思维就一直在工作，因此，他们的大脑活动很多都是在 β 波的范围内进行。

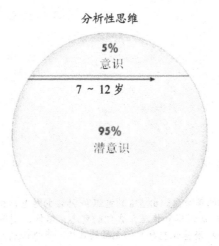

图 8G 在 6 到 7 岁之间，分析性思维开始形成。它们就像一道屏障一样，将意识与潜意识截然分开。分析性思维的发展通常在 7 到 12 岁之间的某个时期完成。

现在，让我们来看看图 8H。位于那条代表分析性思维的直线上方的，是我们的意识，它所占的比例仅 5%。意识是逻辑和推理的中心，我们的意志、信仰、目的及创造力都离不开它。

决定我们是什么样人的所有元素中，有95%是由潜意识组成的——也就是说，自我的95%都是潜意识。而构成潜意识的，就包括那些让习惯与行为得以形成的正性和负性的识别和联想。

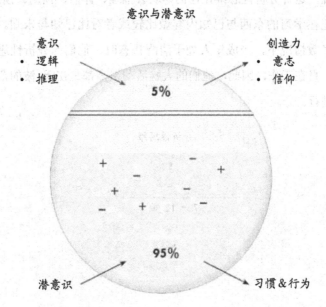

图 8H　我们的整个意识由5%的意识和95%的潜意识构成。意识的主要操作手段是逻辑和推理，我们的意志、信仰、创造力及目的都是由此产生的。潜意识包括我们无数的正性和负性识别与联想，习惯、行为、技巧、信念及认知由此产生。

图 8I 说明，冥想（用箭头代替）最基本的目标，就是越过分析性思维这道屏障。当我们陷在分析性思维中时，是无法真正改变的。我们可以分析那个旧自我，但不能卸载那些旧程序并安装新程序。

冥想打开了横亘在意识与潜意识之间的那道门。我们通过冥想进入潜意识操作系统，那里是所有不良习惯和行为盘踞的地方，我们可以把它们找出来，代之以一些在生活中更能带给我们成效的习惯和行为。

冥想：穿越分析性思维

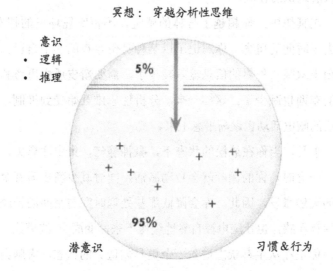

图 8I　冥想的主要目的之一，就是超越意识，进入潜意识以改变那些具有自我破坏性的习惯、行为、信念、情绪反应、态度及无意识存在状态。

冥想带着我们一路从 β 波到 α 波直到 θ 波

让我们来探讨一下，大家要如何才能学会给大脑"换挡"，进入另一种脑电波状态，超越身体、环境和时间对你的限制。你可以很自然地将大脑与身体从高速运转的警觉状态慢下来，进入一种放松、有序、系统化的脑电波模式。

因此，有意识地让脑电波从高频 β 波状态进入 α 波和 θ 波状态是非常可能的（你可以训练自己在不同水平的脑电波之间穿梭）。这样做的时候，你将打开通往真正个人改变的大门。你会越过常规思维（由各种生存模式下的反应所推动）的限制，进入潜意识的领域。

在冥想中，你超越了身体的感觉，不再听凭环境的摆布，失去了时间的概念。你忘记了以某种身份存在的那个自己。当你闭上双眼，外界的信息输入减少了，需要新皮质去思考和分析的东西也减少了。这样一来，分析性思维开始受到抑制，新皮质的脑电活动也逐渐平息下来。

于是，当你在放松的状态下，凝神静气，集中注意力，专心于一念时，你的额叶就会自动激活，同时减少新皮质其余部分的突触激发。因此，你会降低那些处理时间与空间的神经回路的存在感，也让脑电波自然地缓慢下来，变成 α 波模式。此时，你正在从生存状态进入一个更具创造力的状态，大脑会很自然地将自己重新调整到一个更有序、更相干的脑电波模式。

如果你继续练习，就会发现，冥想的后期步骤之一就是进入 θ 波频率，此时你的身体还在沉睡，而你的意识已经清醒。这是一片神奇的领域。你会发现，自己正位于潜意识的一个更深的系统中，能够立刻将那些负性联想改变成正性的。

要记住的重要一点是，如果你已经将身体调教成了意识，那么，在意识已清醒身体却还带着几分睡意的状态下，就不会再有来自"躯体化意识"的任何阻抗了。在 θ 波状态下，身体不再掌握控制权，你可以随心所欲地做梦、改变潜意识程序并最终在完全没有阻碍的情形下进行创造。

　　一旦身体不再操纵意识，仆人就不再是主人了，此时的你才真正掌握了权柄。你将再次像个小孩一样，进入生命的乐园。

在不同脑电波状态中切换自如

　　入睡的时候，你会在脑电波的不同状态之间穿梭，从 β 波到 α 波到 θ 波再到 δ 波。同样，早上你从睡梦中醒来时，会自然地从 δ 波一路上升到 θ 波到 α 波再到 β 波，回到意识觉察的状态。当你从另一个世界"苏醒过来"，会记起自己是谁、生活中的问题、睡在你旁边的那个人、名下的房子、居住的地点……而且就在眨眼之间！通过联想，你回到了 β 波状态，回到了那个熟悉的自我。

　　有的人会非常快速地穿过不同水平的脑电波模式，就像一个从楼顶往下掉的钢球一样。他们的身体实在是太疲惫了，在通过那段前往潜意识状态的楼梯时，他们下得特别快。

　　还有一些无法给大脑"换挡"的人，他们无法自然地从那段楼梯走下去，进入睡眠状态。他们过度专注于生活中那些强化其成瘾心理和情绪状态的线索。这样的人最终会成为失眠症患者，可能不得不服用药物，用化学方式来改变大脑、安抚身体。

不管怎样，睡眠问题都预示着大脑与意识可能不同步。

———————●———————

最好的冥想时间：早上和晚上，此时通往潜意识的大门打开了。

在正常情况下，大脑中的化学物质每天都在发生改变（白天主要是 5-羟色胺神经递质，让你保持警觉；晚上主要是褪黑激素神经递质，让你放松下来进入睡眠），作为这种交替变化的结果，通往潜意识的大门每天有两次打开的机会——晚上准备入睡的时候和清晨醒来的时候。所以，在早上和晚上进行冥想都是好主意，因为在这种时候会更容易进入 α 波或 θ 波状态。

我喜欢一大早醒过来开始冥想，因为在我还有点恍惚的时候是依然处于 α 波状态的。我个人喜欢从干干净净的状态开始创造。

有的人更青睐夜深时分。他们知道身体（白天处于控制地位）现在因为太累而无法再充当意识，所以不用怎么努力就能够进入 α 波阶段，甚至能在依然清醒的时候进入 θ 波状态。

在大白天进行冥想可能会比较困难，尤其是如果你在一个忙乱的办公室上班、看管着一屋子让你必须时时保持注意力的孩子，或者正从事需要高度集中精神的活动。在这样的时刻，你可能正处于高频 β 波状态，需要付出更多努力才能偷偷溜进那道通往潜意识的大门。脑电波活动如图 8J 所示。

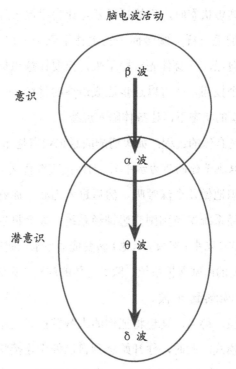

脑电波活动

意识

β 波

α 波

潜意识

θ 波

δ 波

图 8J 这张图显示的是你的脑电波是如何从最高、最快的活动状态
（β 波）进入到最低、最慢的状态（δ 波）。请注意，α 波充当的
是意识和潜意识之间的桥梁。脑电波越低 / 越慢，往下进入潜意识
的程度就越深；脑电波越高 / 越快，我们的意识就越清醒。

控制进入冥想的进程

内在冥想可以训练我们的意识、身体和大脑，让我们不再
执着于对某个未来事件的预期，而是关注当下。冥想还能解开
把意识化的身体固定在过去的锚，把困在过往熟悉情绪中的你
解放出来。

处于冥想状态时，你的目标就是让自己像一片从高楼顶上往下掉的羽毛一样，缓慢而平稳地往下飘……往下飘。首先，你要训练自己，让身体先放松下来，但要让意识集中。一旦你掌握了这个技巧，就可以逐步达成最终的目标——在意识保持清醒或活跃的状态下，让身体陷入沉睡。

下面是具体的进程：如果清醒的意识状态是 β 波（频率从低到高，取决于你的压力水平），当你挺直脊背坐下来，闭上眼睛，有意识地做几个深呼吸，然后进入内心，你就会很自然地从交感神经系统切换到副交感神经系统。你会将生理状态从紧急保护模式（战斗／害怕／逃跑）转变成适用于长期建设发展（成长与修复）的内部保护系统。随着身体的放松，你的脑电波模式会自然地开始转到 α 波。

如果操作得当，冥想将把你的大脑转换成更相干、更有序的脑电波模式。此时，你开始感到自己处于连接状态，并感到完整和平衡，你会体验到信任、喜悦与振奋等更健康的积极情绪。

策划相干性

如果我们对意识的定义是活动中的大脑或大脑在处理不同意识流时的活动，那么，冥想自然会产生更同步、更相干的意识状态。

另一方面，当大脑受到压力时，它的脑电活动会变得像一个正在进行拙劣表演的乐队。整个意识世界将会脱离节奏，失去平衡，荒腔走板。

你要做的，就是演奏出一曲杰作来。虽然现在这个乐队里

的成员不守规矩、自我中心、自以为是，他们都认为自己演奏
的乐器应该比其他人更高调，但如果你不放弃这样的乐队，如
果你坚持让他们携手合作并服从你的领导，那么，这样的时刻
最终会到来——他们将向你臣服，尊你为领袖，并终于表现得
像一个团队。

在这样的时刻，脑电波会变得更同步，并从 β 波状态转
为 α 波和 θ 波状态。更多个别的神经回路开始用有序的方式
进行沟通并处理更连贯的思维。你的觉察也从狭隘、过度关注、
执迷、分割化、生存思维转变为更为开放、放松、整体化、着眼
当下、有序、有创造性、简单的意念。这是我们应该生活在其中
的、自然的存在状态。

让我们来看看什么是相干性或者同步性，这是大脑处于一
片和谐时的工作状态。相干脑电波与不相干脑电波的区别如图
8K 所示。

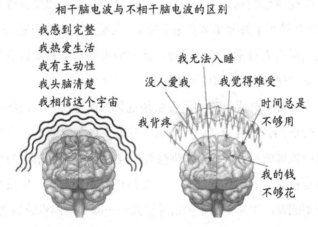

图 8K　在第一张图片中，大脑处于平衡且高度整合的状态。几个不

同的区域是同步的，形成了一个更有序、完整的合作性神经网络集合。在第二张图片中，大脑处于混乱、失衡状态。大脑被分割成多个不同的分区，不再以团队形式工作，致使大脑变得"病态"、分裂。

整合一致的大脑：大街上也不受影响

结束本章前，我想说说曾在《进化你的大脑》一书中引用的一个主题——那些在威斯康星大学麦迪逊分校学习的佛教僧侣们。这些"超级冥想者"能够进入所有脑电波完全相干的状态，这是我们大部分人都做不到的。当他们冥想着仁爱与慈悲的念头时，发出的信号之间的相干性几乎破纪录。

在学习期间，他们每天早上都会进行冥想，研究人员则在一旁监控他们的脑电波活动。冥想结束后，他们会离开校园，到城镇去做他们想做的事情——参观博物馆、去商场购物，诸如此类。回到研究中心后，他们会在不回到冥想状态的情况下再次接受脑部扫描。令人惊讶的是，尽管一整天都没有进行冥想，而且接受了外界那么多毫不相干、杂乱无章的信号输入——和我们所有人日常经历的一样，他们的大脑却依然保持着和冥想状态一样处于高度相干的模式。

当面临着外界制造的所有繁琐混乱的刺激时，我们绝大多数人会退回到生存模式，产生应激状态下的化学物质。这种应激反应就像破坏分子一样，哄抢着大脑的信号。而我们的目标，就是走向这种状态的对立面——变得更像那些僧侣。如果我们每天都能够产生完全相干的信号模式——即那些同步的脑电波，就会发现，这种信号的相干性会在一些实在具体的东西上体现出来。

如果你能像那些僧侣那样，不断反复地创造内在的一致，一段时间以后，你可能也会达到这样的境界：行走在纷纷扰扰的世界，却不会受困于那些破坏性外在刺激所产生的自我限制的影响。正因如此，你再也不会体验到让你痛恨的"膝跳反应"——这个条件反射总是迫使你回到那个熟悉的、无比渴望改变的旧自我。

坚持冥想，创造内在一致，这不仅能消除许多困扰你身体的消极生理问题，还能让你朝着那个预期中的理想自我前进。你的内在一致能抵消消极的情绪状态，允许你删除组成这些情绪状态的行为、意念以及感受。

一旦你达到中立/虚空的状态，拥有一种诸如慈悲的高尚情感就变得轻松多了，也更容易进入纯粹的喜悦、爱、感恩或其他任何一种高尚的情感状态。事实的确如此，因为这些情感已经深刻地整合在一起了。当你在冥想过程中穿行，产生能够反映这种纯粹的脑电波状态，就会超越曾经让你陷入自我限制型情绪状态的身体、环境与时间。它们再也不能控制你，相反，你将控制它们。

有了具体的知识，你已做好了去体验冥想的准备

现在，你已经用必要的知识将自己武装好，并对自己该怎么做、为什么这样做有了充分的了解，准备进入第三部分要讨论的冥想了。

请记住，知识是经验的开路先锋。你读到的所有内容都是

为真实体验做准备的。一旦你学会冥想，并将之应用于生活，你就会得到反馈。在接下来的章节中，你将学习如何将这些理论知识付诸实践，并开始在生活的所有领域进行可衡量的改变。

我想起了很多登山者在攀登华盛顿州的瑞尼尔山时所采用的"两步法"。瑞尼尔山是美国本土最高的火山，高达4 392米。登山者们会把车留在杰克逊天堂游客中心（高1 645米），先朝着高度为3 072米的缪尔营地跋涉。在这个大本营的停留让他们有机会回望走过的路，总结评估从准备工作和步行经验中学到的东西，接受额外的实践培训，并过夜休整。当他们继续朝着瑞尼尔山雄伟的顶峰攀登时，头天晚上的回顾会使旅程变得截然不同。

此前获得的知识让你得以攀上顶点。现在，你已经准备好将所有学到的东西付诸实践了。你可以从第三部分的内容中学会并掌握如何改变意识进而改变人生的技巧，而在此之前，你新得到的智慧会激励你去陶冶、淬炼自己。

所以，我邀请大家在此做短暂的停顿，带着感恩的心情回顾一下你在第一部分和第二部分中学到的知识，如果有需要，复习一下你觉得重要的章节……然后，加入我的队伍，为你的冥想之旅做最后的准备，向你的人生巅峰进发。

迈向新的命运

CHAPTER NINE
第九章

冥想：介绍与准备

正如我之前所说，冥想的主要目的，就是让你的注意力从环境、身体和时间上面转移，唯有如此，你的意愿、思想才会替代这些外界事物，成为你的关注焦点。然后，你就可以不受外部世界的制约，自由地改变自己的内在状态。冥想也是一种让你超越分析性思维进入潜意识的手段。由于潜意识是所有你想改变的坏习惯和不良行为盘踞的大本营，所以这一点至关重要。

介绍

到目前为止，大家已经了解了不少的信息。向大家提供这些信息的目的，就是希望帮助大家理解，在利用冥想来创造一个新的现实时，需要做些什么。一旦你真正领会这些内容，并反复练习本书介绍的具体方法，你就可能改变自己的境遇。你要常常提醒自己，练习这些具体步骤就是在砍掉那些过往的存在习惯，为新的未来创造新的意识。当我练习诸位将要学到的冥想方法时，会希望在意识中忘掉自己，游离于已知现实之外，不让那些把我定义为旧自我的意念与感受有存在的空间。

刚开始的时候，因为面临的是前所未有的新任务，你可能会感到不安、不适。没关系，那只是你的身体在搞鬼，因为它曾经变成你的意识，所以会对新的训练过程产生阻抗。在开始练习前，你一定要对此有足够的理解，然后，尽量放松——请相信冥想的每一步都被设计得明白易懂、简单易行。就我个人而言，和做任何其他事情一样，我对冥想练习怀着极大的期待和热情。冥想让人感到如此有序、安宁、通透与振奋，以至于我一天都不想错过。当然，为了达到这样的境界，我没少花时间，所以，请大家一定要对自己有耐心。

累积每一小步 变轻松小习惯

在学习任何一种需要付出百分百专注并勤加练习的新东西时，可能一开始都必须遵循具体的步骤。这种方法能够对需要掌握的技能或手头的任务进行分解、简化，使其不再那么复杂，这样我们才能保持专注，不至于产生如同面对一堆乱麻无从下手的感觉。当然，在努力做任何事的时候，你的目标都是将学到的东西存储到记忆里，以使自己最终能够自然、轻松、下意识地将之完成。本质上，你需要将新的技能变成一种习惯。

学习任何技能都是如此——如果你采用一次完成一个小任

务或掌握一个小步骤，然后再进行下一步的方法，通过不断重复这个过程，就能够更轻松地领会或执行这种技能。久而久之，你就能把每一个步骤连续起来，形成"一条龙"式的操作过程。当所有步骤能够如同行云流水般一气呵成，并且达到你想要的结果，你就真的"上道了"。这也是"按步骤学冥想"的目标。

例如，在学打高尔夫时，为了让动作和目标一致，你的大脑需要处理大量线索。想象一下，在你第一次准备开球的时候，你最好的朋友在旁边对你大喊大叫的样子，"低头！屈膝！肩膀放平，背挺直！手臂伸直，手别握太紧！挥杆的时候重心转移！击球的后方，挥杆到底！"以及那句我最喜欢的"放松！"

当所有指令一股脑儿砸到你脸上时，可能会让你晕头转向，一时之间不知如何动作。相反，如果你能按照合理的顺序，有条不紊地一次专攻其中的一项，会是什么情形呢？按照这样的方法，经过一段时间的练习后，合乎逻辑的结果就是，你的动作会看起来像模像样。

同样，如果你正在学做法国餐，一开始就要严格遵循每个步骤。在经过一段时间的充分练习后，就会迎来这样的时刻——你不再需要按照菜谱将整个烹饪过程切割成一个个单独的步骤，而是一气呵成。你会把所有指令都整合起来，存储到"躯体化意识"里，将多个步骤融合为寥寥几步，最终可以只用一半的时间就完成烹饪。你已经从思考前进到了行动——身体和意识一样，记住了你正在做的事情。这就是程序性记忆。对任何事情，只要练习的时间足够多，这种现象都会发生。到了这个时候，你心里就有数了——对如何操作了如指掌。

为了冥想过程 建立神经网络

记住，你拥有的知识越多，对新体验的准备就越充足。冥想的每一步对你而言都具有意义，这些意义是建立在本书前面所述知识的基础上的。每一个步骤都有科学或哲学的理论为基础，所以，不需要你去做任何揣测臆断。这些步骤是按照特定的顺序设定的，目的是帮助你记住整个冥想过程，完成你的个人改变。

对整个冥想过程，我为大家设计了四周的学习计划，但请你按照个人的需要制定学习时间，务必对每一个步骤都进行充分练习，直至烂熟于心。最佳的方案，是其节奏让你感到舒服自在，绝不会让你手忙脚乱不知所措。

每一次练习，都要从前面已学会的步骤开始，然后再进行本周要学的新内容。因为有些步骤一起学会效率更高，所以在第二周和第三周，我希望大家能练习两个或两个以上的步骤。同时，我还建议，在专注练习每一个或每一组新步骤时，要至少持续一周的时间，然后再进行下一个步骤。短短数周之内，你就可以建立起一个用于冥想的、非常像样的神经网络！

推荐的四周学习计划

第一周（第十章）　　　每日练习，步骤1——诱导。

第二周（第十一章）　　每日练习，从第一个步骤开始，逐渐增加步骤2——识别；步骤3——承认与宣告；步骤4——臣服。

第三周（第十二章）　　每日练习，依次进行步骤 1～4，然后增加
　　　　　　　　　　　步骤 5——观察与提醒；步骤 6——重新定
　　　　　　　　　　　向。

第四周（第十三章）　　每日练习，依次进行步骤 1～6，然后增加
　　　　　　　　　　　步骤 7——创造与演练。

请不要着急，慢慢来，一定要打下一个坚实的基础。如果你已经是个经验丰富的冥想者，希望能一次进行更多练习，也可以。但是，一定要遵循所有的指令，并认真记下要做的每一件事情。

当你可以全神贯注于正在做的事情，不让意念在任何外来刺激上逗留时，就达到了身体与意识的完全同步。现在，你对新技能的掌控越来越娴熟，越来越轻松，而这一切都要归功于赫布关于神经的"激发与连接"理论。学习、注意、指令与练习等将建立起一个盘根错节的神经网络，真实地反映你的冥想过程。

准备

工具准备

书写材料。除了关于冥想的指导，你还会读到对每个步骤的详细描述，通常还伴随着一些问题和提示，放在"动笔时间"的标题之下。我建议大家准备一个方便携带的笔记本，将你的答案写在上面。然后，在开始每日的冥想前，复习一下你记下来的各种反应。如此一来，你写下来的意念就会起着地图的作

用，让你做好在冥想之旅中穿行的准备，并成功地进入潜意识的操作系统。

注意听。如果你是冥想初学者，你可能希望听到一些录制好的引导材料。例如，你会学到一种诱导技巧，可以用在日常的每一次练习中，帮助你达到具有高度相干性的 α 脑电波状态，为我们将在第十一章到第十三章中重点讲解的冥想方法做好准备。此外，在接下来的每一周里，你都会学习一些具体步骤，你可以按照一系列"冥想指南"来进行。

两种冥想方法

选项 1：每次当你看到下面这个耳机图标时，表明有一段诱导语或冥想引导语可用。如果你对这些指导材料感兴趣，可以根据本书的附录自己录音制作音频。

仔细阅读接下来的每章内容后，将你的反应写在笔记本上，然后就可以下载相应的冥想引导语了。每一周，将接下来的步骤添加到上一周练习的步骤后，你就可以去找一个可供下载的冥想引导语。它们被放在"第一周冥想""第二周冥想""第三周冥想"及"第四周冥想"里——第四周包括整个冥想过程。

例如，当你听到第二周的冥想引导语时，它将引导你完成第一周的步骤——即诱导技巧，然后再增加你将在第二周练习的三个步骤。当你进行第三周的冥想时，就要重复第一周和第二周学到的步骤，然后再增加第三周的步骤。

选项2：另外，本书末尾的附录是这些引导语的文字稿，你可以反复阅读它们，直到记下所有的顺序，也可以自行录音。

附录A和B提供了两种诱导技巧，附录C是整个冥想引导语的文字稿，囊括了你将在第三部分学到的所有步骤。如果你决定使用附录C来引导你的冥想，那么，在每一周的练习中，请从前面学到的步骤开始，然后在这些步骤的基础上增加本周的内容。

环境准备

地点，地点，地点——重要的事情说三遍。你已经知道，在打破自己的存在习惯时，战胜环境是至关重要的一步。找一个合适的冥想环境，将干扰减少到最低限度，将在与"三元"（我们很快就会讲到身体与时间）的战争中助你一臂之力。挑选一个舒适的地方，让你可以独自一人待着，没有任何来自外界、让你上瘾的东西来引诱你。保证这个地方的隐蔽性、私密性，进出要方便，可以每天前往，并把它变成你的特别据点。你会和这个环境建立牢固的联系，它代表了一个很重要的地方——你要在这里驯化那个被外界分了心的自我，战胜那个往日的自我，创造一个新的自我，并打造新的命运。久而久之，你会真心喜欢并盼望能待在那里。

在我带领的一个活动中，有一位参与者告诉我，她总是在冥想的时候睡着。我们的谈话如下：

"你一般在什么地方进行正念练习？"

"床上。"

"根据你的联想法则，床和睡眠有什么关系？"

"我把床和睡觉联系在一起。"

"根据你的重复法则，每晚睡在床上表明什么？"

"如果我每晚睡在同一个地方，就会形成'床'和'睡觉'之间的固定连接。"

"考虑到神经网络是联想法则和重复法则两者的结合，有没有可能你已经形成了一个神经网络，其结果就是认定'床'和'睡觉'是同一个意思？"

"是这么回事。我想我需要找一个更好的地方来进行冥想。"

我不仅建议她在冥想的时候离床远点，还建议她找一个与卧室离得远远的地方。当你希望建立新的神经网络时，在一个代表成长、新生和全新未来的环境进行冥想练习很有意义。

而且，请千万不要把这个地方视为你"必须"做冥想的受刑室。这样的态度将让你的努力无果而终。

防止来自外界的干扰。一定要保证你不会受到来自他人（一个"请勿打扰"的标示会有帮助）或宠物的打断或干扰。尽量消除那些不利于冥想的感官刺激——它们可能会迫使你的意识回到旧的人格状态，或者转向对外界的觉察上，尤其是那些熟悉的环境因素。关闭手机和电脑——我知道这实施起来有点难度，但是，那些电话、短信、微信及电子邮件等都是可以稍候的。你同样也不会希望咖啡和食物的香味飘进你的冥想背景里。确保这个房间温度适宜，没有穿堂风。通常我会使用眼罩。

音乐。音乐是有用的，前提是不要选择那些能够让你的脑海里浮现出干扰性联想的曲目。如果我要播放音乐，通常会选择那些柔和、放松、能够诱使人进入恍惚状态的轻音乐或无词吟唱。不听音乐的时候，我通常会带上耳塞。

身体准备

姿势，姿势，姿势——重要的事情说三遍。我冥想时的坐姿非常挺直：挺起后背，呈完全垂直状态；脖子伸直；胳膊和腿以平时休息的姿势放好，保持静止；身体全然放松。那么，用躺椅可以吗？正如坐在床上一样，很多人会在躺椅上睡过去。所以，挺直身体坐在平常用的椅子上，四肢不要交叉，是最好的。如果你更喜欢盘腿坐在地上，采用"印度式"坐姿，也没有问题。

防止身体干扰。事实上，你会希望肉体化作虚无，这样才能保持专注，无须分心去注意身体的状态。尽量穿宽松的衣服，把手表摘下来，少喝点水，可以放一杯水在伸手就能够到的地方。在开始冥想之前，要做好必要的准备，保证自己不会有饥渴之虞。

点头与打盹。既然说到了身体，我想在这里谈谈一个冥想中可能出现的问题。虽然坐得很直，但你可能会发现自己在不断点头，似乎马上就要睡着了。这是一个很好的迹象，表明你的脑电波正在进入 α 波和 θ 波状态。你的身体习惯了在脑电波慢下来时就躺下，所以，当你突然频频点头时，你的身体就会想打个盹儿。继续练习，你会习惯这种坐得挺直但脑电波慢下来的状态。点头的情况会最终消失，你的身体也不会再想要睡觉。

腾出时间来冥想

何时冥想。如你所知，大脑中化学物质发生的日常改变会让我们更容易进入潜意识，这种情况只发生在早上醒来后和晚上入睡前。为什么说这个时候是最好的冥想时间呢？因为你可以更轻易、更迅速地进入 α 波或 θ 波状态。我更喜欢在每天早上差不多的时候冥想。如果你真的满怀热情，想在这两个时间段都进行冥想，那就去做吧。不过，我建议大家开始的时候每天做一次就可以了。

冥想多久。在开始每日的冥想之前，用几分钟的时间翻翻你的笔记本，复习一下与将要练习的各个步骤相关的内容——我说过，将你的笔记视为这段冥想之旅的地图。你可能还会发现，在进入冥想之前重读这些文字非常有帮助——它们能提醒你该做些什么。

学习冥想时，每一次练习都要以 10 ～ 20 分钟的诱导开始。

随着步骤的不断增加，你要按照每一步 10 ～ 15 分钟的标准延长时间。一段时间之后，等你对每个步骤都熟悉了，就能够用更快地速度完成一系列步骤。学会了冥想过程的所有步骤之后，你的每日冥想（包括诱导）通常会需要 40 ～ 50 分钟来完成。

如果你需要在某个具体的时间点结束冥想，可以设个闹钟，在必须结束之前的 10 分钟提醒你。这样做可以让你有一个"预先通知"，避免在还没有接近尾声的时候就被迫戛然而止。一定要留出足够的冥想时间，这样你就不会总担心闹铃会突然响起来。毕竟，如果你一边冥想一边想着看表，就证明你根本没有战胜时间。基本上，为了从一天的时间中挤出一整块用于冥想，你可能必须早起床或者晚睡觉。

心理准备

掌控自我。坦白说，我确实经过了一段与自我短兵相接的日子，因为它试图掌握控制权。有很多个早晨，当我开始冥想时，分析性思维就蹦出来捣乱——要赶的飞机、要给员工召开的会议、受伤的病人、要写的报告和文章、子女和他们那些复杂的事情、要打的电话以及莫名其妙跑进我脑子里的胡思乱想，纷至沓来。我执着于外界一切可预知的事物。一般说来，我的脑子和大部分人一样，不是在预期将来，就是在回忆过去。当这种情形发生时，我就必须让自己定下心来，认识到这些东西都是已知的联想，和此刻我想创造的新东西毫无关系。如果这种情形发生在你身上，你要做的就是超越这些冗长单调的常规性思维，进入具有创造性的时刻。

掌控身体。如果你的身体就像一匹脱缰的野马一样跳腾不安，那是因为它想成为意识——要站起来做点什么，要想想某个未来要去的地方，或者回忆与生活中某个人之间的情感体验，这个时候，你必须安抚好自己的身体，让它放松下来，停留在当下。每一次这样做的时候，你就是在重新调教自己的身体，让它适应新的意识，久而久之，它会默认、顺从。你的身体曾经与无意识状态建立了条件反射，你必须对它进行再次训练——所以，你要爱它，与它合作，善待它。它最终会向你臣服，以你为主。记住，一定要意志坚定，不屈不挠；要精神饱满，心怀喜悦；要灵活多变，富有创意。当你做到这些时，新的未来就触手可及。

现在，让我们开始吧……

第十章

打开通往创造状态的大门

（第一周）

在职业生涯的早期阶段，我学过、后来也教过催眠和自我催眠。催眠师们在让人进入所谓的催眠状态时，经常使用的技巧之一就是"诱导"。简单来说，我们就是教给人们如何改变他们的脑电波。一个人如果想被催眠或者催眠自己，唯一要做的就是从高频或中频 β 波状态慢下来，进入更放松的 α 波或 θ 波状态。因此，冥想与自我催眠很类似。

我原本应该将诱导的内容放在上一章，和那些与准备工作相关的内容放在一起，因为诱导就是让你做好准备，进入一种有助于冥想、相干性高的脑电波状态。掌握了诱导技巧，你就为接下来要学习的具体冥想步骤打下了坚实的基础。不过，与你开始每日冥想前的安排——例如，关掉手机，把猫或狗放在另一间屋，等等——不同的是，诱导是冥想过程中一个必不可少的部分，事实上，它是你必须掌握的第一个步骤，每一次冥想都要从它开始。

为了防止大家产生困惑，我必须提前声明：在用诱导技巧开启了每一次的冥想之旅后，你并不会像娱乐节目里所形容的那样，进入一种被催眠的恍惚状态，千万不要被误导了。你只是会通过这种方式将自己完美地准备好，能够完成冥想过程中的所有步骤。在接下来的三个章节里，我们会对这些步骤详加讨论。

第1步：诱导

诱导：打开通往创造状态的大门

我强烈要求大家，至少用一周的时间——如果需要，可以更多——每天练习诱导技巧。记住，诱导过程会占据你每次冥想的前 20 分钟。你需要将它变成一种让你感到熟悉、自在的习惯，所以千万不要对它草草了事。你的目标是"保持临在"，即停留在当下这一刻。

诱导需要的准备。 除了我前面说过的那些准备外，还有一些更进一步的小技巧：首先，身体坐直，闭上眼睛。这样你就屏蔽了一些感官 / 环境信息的输入，脑电波的频率开始降低，朝着目标中的 α 波状态转变。然后，心甘情愿地臣服，保持临在，给自己足够的爱，慢慢地推进整个过程。你可以找一些舒缓的音乐，帮助你完成从高频 β 波转变为 α 波的进程。

诱导技巧。关于诱导技巧，有很多大同小异的变种。无论你是使用"身体部位"还是"水位上升"的诱导方法——最好交替使用——还是其他一些你用过的手段，或者自行设计一种完全不同的方法，都可以。真正重要的是，你要从那种属于分析性思维的 β 波状态变为以感官感觉为主的 α 波状态，将注意力集中在身体上面。身体是你的潜意识和操作系统，是你可以改变的地方。

身体部位诱导法

这种诱导技巧可能会在一开始显得自相矛盾——因为你要将注意力集中在自己的身体和环境上面。而身体和环境是"三元"中的两个，是我们必须想办法超越的，不过，在现在这种情况下，所有与它们有关的意念都是由你操控的。

为什么专注于身体是我们想要的状态？记住，身体和潜意识是融合在一起的。所以，当我们对身体及感官的觉察变得无比敏锐，就进入了潜意识，进入了我经常提到的操作系统。诱导是一种工具，可以用来帮助我们进入那个系统。

小脑在本体感觉（对身体空间位置的觉察）方面起着重要作用。所以，在这种诱导方法中，当你把觉察放在身体的不同部位以及身体周围的空间时，就是在发挥小脑的功能。既然小脑是潜意识的中心，当你把意识放在身体在空间中的位置时，你就绕过思考大脑进入了潜意识。

此外，诱导强行让你进入了一种感官 / 感觉模式，并以此关闭了你的分析性思维。感觉是身体的语言，而身体就是你的潜意识，所以，诱导方法使你得以用身体的自然语言去解读并改变操作系统的语言。换句话说，如果你去感知或觉察身体的不同方面，你的思考会减少，在过去与未来之间游移的分析性思维会减少，关注面将会扩大，扩大到能覆盖一个差异性极大的范围——不再是狭隘地执着，而是具有创造性的、开放的，你的脑电波模式也会从 β 波变为 α 波。

这一切都发生在你狭窄的注意力范围开始扩展——专注于身体以及身体周围的空间——之时。这种情形也被称为"开放式聚焦"，当脑电波自然地变得有序、同步时，它就发生了。开放式聚焦会产生一种新的、具有强大相干性的信号，促使那些向来没有沟通的大脑部位开始有了来往。而你也因此获得了产生具有极强相干性信号的能力。你能够用扫描大脑的方式测量这种信号，更重要的是，你能够感受到意念、意愿以及感觉在通透程度和专注程度上的区别。

身体部位诱导法的具体操作

具体地说，你要把注意力集中于身体在空间中的位置和方向上。例如，凝神想着头部的位置，从最顶部开始，逐渐向下。当诱导语从身体的这个部位转向另一个部位时，感觉并觉察每个部位所占据的空间，同时感觉这个空间的密度、重量或体积。将注意力集中在头皮上，然后是鼻子、耳朵等，一路向下，直到你的注意力落在脚底，在这个过程中，你会注意到一些变化。这种从这个部位到那个部位的移动，以及对空间之内的空间的强调，就是这种诱导法的关键所在。

接下来，留意你身体周围那片泪滴形状的区域，以及这个区域所占据的空间。当你能够感觉到身体周围的那片空间时，你的注意力就不再放在身体上了。现在，你不再只局限于这具躯壳之内，而是注意到某种更宏大的东西。这就是你的躯体化减少而意识化增加的过程。

最后，留意你所在的房间所占据的空间。感知它填满的空间体积。当你达到这种程度时，就是脑电波开始从无序模式向更平衡、更有序的模式转变的时刻。

为什么

我们可以通过观察你的思维来测量上述差异——即从脑电图上查看你的思考模式，弄清楚你的大脑是如何从 β 波活动变为 α 波活动的。不过，并不是进入任意一种 α 波状态就可以了，你需要进入一种具有高度一致性、组织性的 α 波状态。这就是为什么你要把注意力首先集中在身体及其在空间中的方位，然后再从这些个别部位转向身体周围空间的体积或边界，最后将所有的觉察全部放在整个房间上面。如果你能感知到空间的密度，察觉它、注意它，就能够自然而然地从思考状态过渡到感觉状态。当这一切发生时，你的大脑是无法维持适用于紧急生存和高度专注状态的高频 β 波的。

水位上升诱导法

大家还可以采用另外一种类似的诱导技巧，这种方法是想象水漫进你所在的房间，然后逐渐上升。观察（感觉）这个房间所处的空间，以及水所占据的空间。首先，水会漫过你的脚；然后，继续上升，漫过你的小腿和膝盖；继续上升，淹没你的大腿根部；然后，上升到你的腹部、胸部，漫过你的胳膊，抵达你的脖子……继续往上，漫过你的下巴、嘴唇，直至没顶……直到整个房间都被水淹没。虽然有些人可能不喜欢被水彻底淹没的想法，但有些人发现这种方法有种舒缓人心的温暖感和吸引力。

第一周

冥想指南

提醒大家一下，在第一周的冥想练习中，你的任务就是练习诱导技巧，如果你是自己录制的诱导语，要确保对我提供的问题（参见附录中的诱导指令）进行重复，强调某些单词和短语，如：感觉、注意，体会、留心、意识。此外，大小、密度、空间周长、空间重量等词语会让你的观察更加专注。

不要过快地从一个部位转向另一个部位，多给自己一些时间（20~30秒或更多）让那些感官输入及各部位的空间感觉真正落实。粗略地说，在身体部位诱导法中，从头顶到脚趾；在水位上升诱导法中，从脚趾到头顶——整个过程需要大约20分钟。如果你以

前做过冥想，毫无疑问就该明白，当你的脑电波频率
降低，进入平静、放松、内部世界显得比外部世界更
真实的 α 波状态时，你最终会对时间的流逝毫无感觉。

第十一章

消除你的存在习惯

（第二周）

到了第二周，是时候增加三个步骤来帮助你消除旧的存在习惯了：识别、承认及宣告，紧随其后的是臣服。首先，仔细阅读所有的步骤，回答相关问题；然后，用至少一周的时间来进行每日冥想练习。在练习中，要先进入诱导程序，再依次完成本周要学习的三个步骤。当然，如果你需要用超过一周的时间来让自己掌握得更熟练，也是完全可以的。

第2步：识别

识别：确认问题

在修理任何东西的时候，必不可少的第一步，就是搞清楚眼下是什么部件不能正常工作了。你必须知道问题是什么，然后正确地指出来，才能达到控制它的目的。

很多有过濒死体验的人报告说，他们经历了一次"人生回顾"，在此过程中，就像看电影一样，清楚地看到自己所有的行为，包括曝光和隐秘的；所有的情感，包括表达出来和压抑下去的；所有的念头，包括公开和隐藏；所有的态度，包括有意识和无意识的。他们看到了自己的为人，也看到了自己的意念、言语和行为是如何影响到生活中所有的人和事。有此体验的人通常会表示，他们对自己有了更深刻的理解，并希望从此以后做个更好的人。这种体验让他们感知到了新的可能性，也懂得了在机会面前该如何更好地表现。因为他们从一个真正客观的角度看到了自己，所以清楚地知道自己想要改变什么。

识别过程就像每天做一次人生回顾一样。既然大脑里就有能观察自己存在状态的装备，为什么不在死亡离你尚远的时候，获得人生中真正的重生呢？只要勤加练习，这样的觉察就能帮助你推翻大脑与身体的既定模式，即意识中那些自动化的、强制性的固定程序，以及记忆中那些用化学手段使身体形成条件反射的情绪。

只有当你真正有意识、有觉察的时候，才会开始从大梦中觉醒。你要平静、安宁、耐心、放松，然后专注于那些属于旧人格的习惯，将你的主观意识从被滥用的态度和极端的情绪状态中解脱出来。你的意识已经不一样了，因为此时你正奋力挣脱旧自我的束缚——那个本质上以自我为中心、迷失于自身中的自我。当你透过观察者那双警觉的眼睛，清楚地看到自己曾经的形象，就会对人生产生更多渴望，因为你真心希望第二天就让生活发生翻天覆地的变化。

当你发展冥想与内观技巧时，就是在培养能力，使自己能一刀斩断意识与定义旧自我的潜意识程序之间的联系。让意识与旧自我分开，成为那个旧自我的观察者，这样就解开了与过往的你之间的联系。当你利用元认知技巧（即通过额叶来观察自身状态的能力）认识了曾经的自己，你的意识就第一次不再深深地陷在一堆潜意识程序里。你意识到了曾经属于无意识领域的东西，这是朝着个人改变迈出的第一步。

回顾你的人生

为了发现并探索旧自我中那些你想改变的方面，很有必要提出一些与额叶相关的问题。

动笔时间

花点时间来询问自己下面这些问题，或者其他你能想起来的问题，并写下你的答案。

- 一直以来我是哪一类人？

- 我呈现给世人看的是哪一种人？（那道"鸿沟"的一边，即"外在自我"，是什么？）

- 我内心真正属于哪一类人？（那道"鸿沟"的另一边，即"内在自我"，是什么？）

- 有没有一种感觉，是我每一天都在反复体验（甚至对抗）的？

- 亲近的朋友和家人会怎么形容我？

- 我有没有对他人隐藏一些关于自己的东西？

- 我人格中的哪些方面需要改善？

- 我希望改变自己的哪一方面？

选择一种要删除的情绪

接下来，选择一种让你感到难受的情绪状态和受到限制的意识状态（接下来的例子会让你明白如何开始）——一种你想放弃的存在习惯。由于记忆中的感觉把身体调教成了意识，这些具有自我限制性质的情绪导致了你的自动化思维过程，进而产生了各种态度，影响了你有限的信念（关于自身与其他人和事物的关系），形成了种种个人感知。下面列出的每一种情绪都源于与生存相关的化学物质，正是它们强化了旧自我对你的控制。

动笔时间

选出一种情绪（可能并不在下面的列表中），你认为它占据了你很大一部分自我，想将其删除。记住，你选择的这种情绪对你有很大意义，因为它是你熟悉的感受。它是你想改变的那个自我的一个方面。我建议大家把第一时间浮现在脑海里的那种情绪写下来，因为在接下来的步骤中，你会一直和它打交道。

生存情绪举例

不安全感	羞愧	悲伤
仇恨	焦虑	憎恶
挑剔	悔恨	嫉妒
受害感	痛苦	愤怒
担心	沮丧	怨恨
负罪感	恐惧	无价值感
抑郁	贪婪	匮乏感

大部分人在看到上面列举的情绪时会问："我可以多选吗？"在刚开始的时候，一次只对付一种情绪是个很重要的方法。不管怎样，所有这些情绪都以神经、化学的方式互相牵连。例如，你是否注意过，当你愤怒时，会产生挫败感；当你感到

挫败时，会心生恨意；当你心中有恨时，会挑剔；当你挑剔时，会心怀嫉妒；当你心怀嫉妒时，会缺乏安全感；当你有不安全感时，会争强好胜；当你争强好胜时，是自私的。而所有这些情绪背后，都是同一只手在操控——与生存有关的各种化学物质的结合，它们还会随之激发相关的心理状态。

另一方面，上述过程同样适用于积极情绪状态和心理状态。当你满怀喜悦时，你是沐浴在爱中的；当你心中有爱时，你感到自由；当你感到自由，你会灵感焕发；当你灵感焕发时，你会充满创造力；当你充满创造力时，你会敢于冒险创新……所有这些感受都由不同的化学物质驱动着，然后又影响着你的想法和行动。

让我们以愤怒为例（这可能是一种你会选择处理的反复出现的情绪），当你将愤怒删除时，其他所有对你造成限制的情绪也会逐渐减少。如果你的愤怒少了，你的沮丧、仇恨、挑剔、嫉妒等也会减少。

好消息是，你正在用实际行动驯化自己的身体，让它不会再在无意识中将自己当作意识。因此，当你改变了那些破坏性情绪状态中的一个时，身体失去控制的可能性就会减少一点，你也会改变很多其他的人格特质。

观察那些不受欢迎的情绪在身体内是什么样的感觉

接下来，闭上眼睛，考虑一下，在体验想删除的那种特殊情绪时，你是什么感觉。如果你能观察到自己被那种情绪征服时的情形，留意一下它在你身体里是什么感受。不同的情绪与不同的感觉相关，我希望你能觉察到自己所有的体征。你是否感到发热、恼怒、不安、虚弱、脸红、泄气、紧绷？用你的意识扫描你的身体，注意是在哪个区域感觉到那种情绪（如果身体内部毫无感觉，那也无所谓，只要记住你想要改变的是什么就好了）。你的观察使得改变时时刻刻都在发生。

现在，你要对身体当下的状态了然于心。你的呼吸有没有改变？是否感到不耐烦？是否有生理上的疼痛存在？如果确实有，如果这种疼痛让你产生了某种情绪，是什么情绪？你唯一要做的，就是留心当下这一刻自己所有的生理反应，不要试图逃离。去感受它们。身体里众多不同的感觉最终会变成一种情绪，你可以称它为愤怒、恐惧、悲伤或其他任何一种。所以，你要弄清楚是哪些感觉和生理反应导致了那种你想删除的情绪，然后一个不落地认真加以处理。

容许自己在不受任何人和事干扰的情况下，用心去体会那种情绪。不要做任何事情或试图赶走它。迄今为止，你所做的几乎所有事情都是在逃避这种感觉；你用尽所有外力企图让它消失，结果只是徒劳。所以，就在当下这一刻与这种情绪待在一起吧，把它当作体内的能量，去细细感受。

在这种情绪的驱使下，你将环境中所知的一切都用来打造某一种身份。因为这种感觉，你创造了一个理想的形象——但不是你自己的理想，而是这个世界对你的期待。

这种感觉就是本来的你。承认它吧。它是你存储在记忆中的那个人格所拥有的众多面具中的一个。它始于你对某个生活事件的情绪反应，却因长久地逗留而变成心境，然后发展成气质，最终形成了你的人格。这种情绪变成了你对自我的记忆。它对你的未来毫无贡献，与它的牵连只意味着你在精神与肉体上与过往绑在了一起。

如果情绪是经验的最终结果，那么，假如你每天都怀着同样的情绪，身体就会被骗得相信你的外在世界一直没变。如果你的身体被调教得习惯了不断重温同一种情境，你就永远没有进化与改变的可能。只要依然每天都活在这种情绪里，你就只能在过往中思考。

定义与情绪相关的意识状态

接下来，问自己一个简单的问题："当有这样的感觉时，我是怎么想的？"

假设你想改变的人格特点是易怒。问问你自己："感到愤怒时，我是什么态度？"答案可能是充满控制欲或满怀恨意，也可能是自以为是。同样，如果你想克服恐惧，可能就必须处理那种让你感到无措、焦虑或绝望的意识状态。痛苦可能会导致受害感、抑郁、无力、怨恨或贪婪。

现在，留意或记住当你有这些感觉时，脑子里在想什么。被这种情绪推动的是哪种意识状态？这种感觉影响着你的一切行为。各种意识状态代表着以记忆中的感觉为驱动力的态度——这些感觉以潜意识的方式，就像抛锚的船一样搁浅在你的身体里。态度是与某种感觉相关的一系列意念，反之亦然。这是"思维 - 感觉"和"感觉 - 思维"不断重复的循环圈。因此，你需要去定义那些被特殊的情绪成瘾影响的神经习惯。

动笔时间

当你感觉到想改变的那种情绪时，注意自己是怎么想的（你的意识状态）。你可以从下面的列表中选择一个符合自身情况的形容词，也可以添加列表中没有的。你要以那种确定不想要的情绪为基础，进行恰当的选择，但是，与那种情绪相关的意识状态肯定不止一种。所以，写下一种或两种能引起你共鸣的情形，因为在接下来的步骤中你会和它们打交道。

狭隘的意识状态举例

争强好胜	深感不足	控制欲望
不知所措	过于理性	自欺欺人
满腹牢骚	自命不凡	自高自大
归咎于人	害羞／胆怯／内向	矫揉造作
稀里糊涂	渴望认同	急躁匆忙
心烦意乱	自卑／自负	缺乏自信
自怨自怜	无精打采	自我中心
不管不顾	毫无诚信	敏感／迟钝

你的绝大多数行动、选择或作为都是与这些感受一致的。因此，你会以一种可预测、习惯性的方式去思考、行动。这样是没有什么新的未来可期待的，只有对过往更多地重复。是时候拿走你眼前的那副有色

镜片了，不要再任由过往的种种来过滤你的生活。你要做的，就是和那种情绪化意识状态待在一起，不用做任何事情，只是观察。

刚才你确定了一种不想要的情绪以及与它相关的意识状态——这是你想要删除的。但是，请记住，在将它们整合进每日的冥想之前，还有好几个步骤需要你仔细看完……

第 3 步：承认与宣告

承认：认同真实的自我，而不是那个你做给世人看的自我

当你坦然面对自己的脆弱，就会超越感官知觉的范围。生而为人，我们要面对很多挑战，而最具挑战性的就是承认自己的本来面目，承认曾经犯下的错误，并请求被接纳。回想一下，当你还是个孩子的时候，在不得不向父母、老师或朋友承认错误时是什么感受？等到你成年的时候，那些内疚、羞愧与愤怒的感觉改变了吗？你极有可能依然不时体味着它们，只不过不再那么强烈了。

要怎样才能顺利地完成第 3 个步骤呢？答案就是，要清楚地知道，当我们承认自己的错误与失败时，对面的倾听者不是和我们一样有着各种缺陷的人类，而是一种更高的力量。所以，当我们向自己、向宇宙坦白时：

没有惩罚

没有审判

没有操纵

没有责备

没有评分

没有排斥

没有失去爱

没有诅咒

没有分离

没有抛弃

如果上面列出的每一个动词前面的限定词不是"没有"，而是"有"，意味着什么？其实上述惩罚、审判等行为源于旧范式中的神的形象，这个形象已经被压缩成一个没有安全感的男子的肖像——彻头彻尾的自私固执，满脑子都是关于好与坏、错与对、正与负、成功与失败、爱与恨、天堂与地狱、痛苦与欢愉、恐惧与更多恐惧的概念。这种关于"更高力量"的传统模型必须加以处理。

假设你想让自己的人生充满喜悦，于是每天都向宇宙祈求喜悦，然而，你对痛苦的记忆却如此深入骨髓，它顽强地停留在你的存在状态中，让你整日哀哀哭诉，怨天尤人，为自己寻找各种借口；让你总是惆怅踯躅，自怜自伤。你是否明白自己正在做什么——一面宣称喜悦是自己唯一所求，一面却表现出属于受害者的种种伤痛。你的意识与身体截然相反。你在一天中的某一刻以某种方式思考，然后在这一天的其余时间里表现得完全是另一回事。所以，你能谦卑而严肃地面对真实的自己，坦白隐藏的一切，说出想要的改变，并借此删除不必要的痛苦和折磨，以免在现实中制造出与这些感受相关的体验吗？相比于任由人格被过往那个反复出现的旧自我创造出来的、让你执着不放的命运打击得支离破碎，在短时间内清空并放下你熟悉的人格，在喜悦与敬畏的状态下敲响通往无限的大门，更有益于改变。让我们在喜悦中——而不是在痛苦中——破茧成蝶。

动笔时间

现在，闭上眼睛，让自己平静下来。深入到这广袤的意识（也看进自己），告诉它你过往真实的样子。将涌上心头的东西写下来，在后面的步骤中你会用到它们。

你可能会坦白以下这些事实：

- 我害怕爱上别人，因为爱太伤人；
- 我假装自己很快乐，但其实很痛苦，因为太孤独；
- 我不想让任何人知道自己背负着这么多罪恶感，所以我撒谎；
- 我对世人撒谎，这样他们就会喜欢我，那种没人爱、没价值的感觉就会少一些；
- 我情不自禁地自怜自伤，我整日这样想、这样做、这样感受，因为我不知道还能有什么别的选择；

- 我觉得自己的大半个人生都是失败，所以我格外努力，想让自己成功。

现在，花点时间来回顾你写的东西，检查一下你想坦白的是什么。

宣告：大声承认那些自我限制的情绪

在冥想的这个环节，你真正要做的，就是大声说出自己过去是谁，一直秘不示人的是什么。你说出关于自己的真相，放下过往，弥合那道横亘在"外在自我"与"内在自我"之间的鸿沟；你放弃外在的伪装，放弃成为另一个人。通过大声向世界宣告真实的自己，你打破了与那些外在生活线索之间的捆绑。

我在全球带领了不少工作坊，发现这部分是所有步骤中最艰难的。没有人真的愿意让别人知道自己的本来面目，都想维持自己在人前的那个形象。但是，正如大家所知，要长久地维持这个形象需要花费我们巨大的能量。所以，此处正是你可以释放能量的关键点。

记住：既然情绪是流动的能量，那么，你在外界体验到的、与你互动的一切都有含能量的情绪附于其上。本质上，你被一种超越时空存在着的能量与某些人、物及地点捆绑在一起。正是通过这种方式，你一直记得那个具有某种人格的旧自我，在情绪上认同生活中的一切，并与它们紧紧地捆绑在一起。

例如，如果你恨一个人，这种恨会让你在情绪上一直与这个人捆绑在一起。这种情绪捆绑就是让这个人停留在你生命中的能量，所以你会感觉到恨意，人格中的某些方面也因此得到了强化。换句话说，你利用这个人来让自己保持对仇恨这种情绪的成瘾性。顺便说一下，你的仇恨伤害的主要是自己，这一点毋庸置疑。当你的大脑向身体释放出关于仇恨的化学物质时，就表示你真的很恨自己。请在这个步骤中大声说出关于自己的真相，这将让你有足够的力量来摆脱仇恨，并减少与外界那些令你想起过往的人或物的联系。

如果你还记得前面讨论过的那道鸿沟，就应该知道，大部分人都依赖环境来记起自己是"某人"。因此，如果你将某种让你成瘾的情绪当作人格的一部分存储起来了，那么当你明明白白地说出过往处于成瘾情绪中的自己是什么样子时，就是在从与生活中一切人和物的情绪捆绑中召回（释放）那些被耗费的能量。这种有意识的声明会将你从旧自我中解放出来。

不仅如此，当你说出自己的局限性，并有意识地将一直隐藏的东西暴露出来时，就是在解放自己的身体，让它不再成为意识，也正因如此，你弥合了"外在自我"与"内在自我"之间的那道鸿沟。当你清楚地用语言描述过去的自己时，也同样释放了存储在身体内的能量。这些能量将会成为供你使用的"免费能量"，让你在冥想中用来创造新的自我与生活。

千万别忘了，你的身体不会很乐意这么做。旧自我会自动地将这种情绪藏起来，因为它不愿意让任何人知道它的真实面目。它想一直掌握控制权，因为仆人身份的它已经变成了主人。但是，主人现在必须让仆人知道，自己确实曾经失职，曾经意识不清醒，曾经缺席。所以，身体不愿意交出控制权是情理之中的，因为它不信任你。但是，如果你开口说出来了，虽然身体仍然不愿让权，但它会开始感觉越来越轻松，越来越释然，而你也会开始慢慢地拿回指挥权。

这就是你对"内在自我"的定义，与外在环境没有任何关系。你正在将与所有外在环境因素的情绪依附所产生的能量捆绑——斩断。如果承认是向内的，那么宣告就是向外的。

你想大声宣告的是什么

现在，该把步骤3与前面的步骤融合在一起了。记住，你现在所做的一切，都是为了将冥想打造成一气呵成的过程。我们先以愤怒为例，你可能需要大声说："我一辈子都是个易怒的人。"

记住你想做出这番宣告的总体目标是什么。在本周的这一部分冥想中，当你闭目静坐时，要张嘴轻声说出你要宣告的情绪：愤怒。

当你为这个过程做准备时，当你清楚地说出宣告的内容时，可能会感觉非常不好。但不管怎样，一定要去做——那是你的身体在和你交谈。

最终的结果是你深受激励，满心振奋并充满能量。努力让这一步变得简单、轻松、愉快。不要对过往做过的事情过度分析。你只需要知道，真相能让你自由。

　　记住，到目前为止，你还没完全准备好开始第二周的冥想。在本周的练习中，你识别了一种不想要的情绪，以及想删除的相应意识状态，然后在内心承认它，并向外宣告。除此之外，还有一个步骤需要仔细阅读，在这之后，你就可以把四个步骤放在一起，开始第二周的冥想了……

第4步：臣服

臣服：向智慧低头，让它来解决你的局限或阻碍

　　臣服是本节内容的最后一步，本节内容主要是关于如何消除你的存在习惯。

　　我们大部分人都在与下面这些想法做斗争：如何才能放手，让另外的人或事来掌握控制权。一定要牢记你臣服的对象是谁——是无限的智慧，这种认知应该能让整个过程更轻松一点。

　　爱因斯坦说过：意识层面产生的问题，不可能在同一个意识层面中得到解决。你的所有局限，都是人格的有限意识状态造成的，而你尚无解决这个问题的答案……那么，为什么不去寻找更伟大的智慧来帮助你战胜自我的这些局限呢？既然所有潜在的可能性都存在于这片无限的概率海洋中，那你就要凭借智慧拿走你身上的那些局限，智慧的方法是与你一直试图解决该问题却始终无果的方法截然不同的。既然你还没有想出让自己发生蜕变的最佳办法，而且，迄今为止，你为了战胜这些问

题所做的一切仍然徒劳无功，那么，是时候与那个比你强大得多的伟大智慧建立联系了。

　　旧自我的意识永远都无法看到解决方案。它陷在困境所产生的情绪能量中，因此，它只能用与这种意识一致的方式思考、行动及感受。它只能制造出更多雷同。

　　不过，如果你嘴上说已经臣服于伟大智慧的帮助，实际上却仍试图用自己的方式来解决问题，那么任何智慧是不可能帮助你实现任何改变的？你的自由意志只会挫败它的努力。

　　绝大部分人会想回到过去的那种状态——活在一成不变的无意识、习惯化的生活中，试图自行解决问题。我们陷入了自己的套路，一叶障目不见泰山。事实上，大部分人会一直观望、等待，直到那个习惯的自我将我们带入深渊，直到生活再也无法"一如往常"，才会臣服并接受某种帮助。

　　你不可能既想臣服又试图控制结果。臣服要求你放弃从有限的意识中得来的自以为是的理解——尤其是那些关于如何处理生活问题的信念。真正的臣服是让旧自我彻底失去控制权；相信某个结果一定会出现，尽管你对它尚无概念。

　　你请求帮助的方式很简单，只需释放你承认并宣告过的情绪，你无须：

- 讨价还价
- 乞求
- 达成协议或承诺
- 有所保留
- 玩弄心机

- 含糊其辞
- 求饶
- 负罪感或羞愧
- 心怀悔恨
- 受恐惧折磨
- 寻找借口

你只需要用这样的态度臣服：

- **认真**
- **谦卑**
- **诚实**
- **肯定**
- **明确**
- **热情**
- **信任**

然后，站到一边，不要碍事。

臣服的意外结果包括：

- 振奋
- 喜悦
- 爱
- 自由
- 敬畏

- 感恩
- 丰盛

当你感到喜悦或活在喜悦状态时，就意味着你已经把梦想的未来当成了现实。如果知道面临的一些问题已经被彻底解决了，你会怎样？如果确定有一些令人兴奋的好事将发生在自己身上，你又会怎样？毫无疑问，你将不会再有担心、悲伤、恐惧与压力。你会觉得人生更上一层楼，并满心振奋地期待未来。

如果我告诉你，一周后会带你去夏威夷，而且你知道我是认真的，那你不是应该提前感到高兴吗？你的身体会先于真实的体验开始产生生理反应。这么说吧，量子场就像是一面大镜子——它会把你接受的、信以为真的东西反射给你。所以，某种程度上你的外在世界就是内在现实的反射。

思考一下安慰剂的原理吧。现在大家已经知道，我们有三个大脑，这三个大脑使我们能够从思考前进到行动再到存在。在安慰剂实验中，有健康问题的被试通常会得到一颗糖丸——但他们认为这是药丸，同时也接受了"我会好起来"这个意念，然后开始表现得病情有所好转，并开始自我感觉病情好转，最后真的就好转了。作为安慰剂效应的结果，这些被试的潜意识开始改变他们的内部化学状态，像镜子一样反射出他们恢复健康的新信念。同样的量子法则也适用于此。

如果你开始怀疑，变得焦虑、担心、沮丧，或者过度分析帮助可能出现的方式，就会让以前的一切成果付诸东流。你又回到了自己的老路。在这种时候，你必须回头再来，重新建立一个更强大的意识结构。

第二周

冥想指南

现在，你已经准备好进行第二周的冥想了。要如何完成学过的所有步骤呢？下面有一个建议。如果在阅读和记日志的过程中，你觉得其中的一些活动你已经做过了，不用多想，只管照着去做，并在冥想过程中重复它们。结果可能会让你大吃一惊。

• 第1步：完成诱导，让自己越来越习惯这个进入潜意识的过程。

• 第2步：觉察自己想在意识与身体方面做出哪些改变，"识别"自己的局限性。也就是说，明确一个你想删除的特殊情绪，并注意与这种感觉相关的态度。

• 第3步：向内心的更高力量"承认"过往的自己是什么样的人，你想实现哪些改变，一直隐藏的是什么。然后，向外"宣告"你想删除什么情绪来让身体摆脱"意识化"状态，断开与环境因素的捆绑。

• 第 4 步：表示"臣服"，让智慧打破你自我限制的状态。

在练习过程中，反复对每一个步骤进行单独练习，直到你对每一步都熟悉无比，直到它们天衣无缝地融合成一大步。然后，你就可以继续下面的内容了。

在你继续为冥想过程添加步骤时，千万别忘了，每一次冥想的时候，都必须从刚学会的这四个步骤开始。

CHAPTER TWELVE

第十二章

删除旧自我的记忆

（第三周）

和上节一样，在开始第三周的冥想之前，你要认真读完第5步和第6步的内容，并写完该写的东西。

第5步：观察与提醒

在这个步骤中，你要好好观察那个旧自我，并提醒自己，再也不想做什么样的人。

正如本书第二部分中对冥想做出的操作性定义，进行观察和回忆是为了熟悉自我；为了了解那些你在某种程度上不了解的东西。这时候，你会充分地意识到（通过观察）一些无意识或习惯性的具体意念和行为——正是它们构成了你在第2步"识别"中确认的身体和意识状态。然后,你会提醒自己(通过回忆)想起旧自我的方方面面——这个旧自我是你不想再要的。你会渐渐对旧人格下的自己了如指掌——那些你不想再保留的确切意念,不想再做的具体行为——所以,你就不会再被打回原形。这让你彻底摆脱了过往。

你在心理上不断演练、在生理上不断呈现的,是神经层面上的你。"神经层面上的你"是由你每时每刻的思想和行为的不同组合构成的。

设置这个步骤的目的,是让你对过往的自己有更敏锐的觉察和更仔细的观察(元认知)。当你对旧自我进行反思和回顾时,就会更清楚地明白,自己再也不想做什么样的人。

观察:清醒地意识到你的习惯化意识状态

在第2步"识别"中,你已经观察到了驱动自己的情绪是什么。现在,我希望你能够熟悉所有来自旧自我的具体意念和行为,要熟悉到什么程度呢?熟悉到你在生活中能够随时发现问题并悬崖勒马。经过反复地练习,你会对那些旧模式变得无比警觉,绝无可能容许它们得逞。最后你会发现,自己总是能够先于那个旧自我发现它的蠢蠢欲动,并且牢牢地将它掌控在手心。所以,当通常驱使着无意识想法和习惯的那种感觉开始冒头时,你就会立刻注意到——因为你对这种情况实在太了然,任何蛛丝马迹都会引起你的警觉。

举个例子吧，如果你正在克服对某种物质的依赖，如糖或烟草，当那种化学物质成瘾性在身体上引发的痛苦和牵引力处于初始阶段时，你的觉察力越敏锐，就能越早与这种成瘾性对抗。每个人都知道生理欲望开始出现时是怎样的。首先，你会注意到那些冲动、催促，有时候甚至是尖叫，就像在说："快去做吧！别扛着了，投降吧！快去呀！仅此一次！"随着你不断锤炼自己的意志，用更高的标准来要求自己，一段时间后，你就能在这些欲望蠢蠢欲动时立刻警觉，并有了更好的手段来应对它们。

同样的原理也适用于个人的改变，只不过在这种情况下，让你成瘾的物质并非身外之物。在现实中，致瘾物就是你自己。你的感觉和意念实际上是你的一部分。不过，此处你真正的目标，是对具有自我限制性的存在状态保持高度的警觉，警觉到不让任何一个意念和行为逃过你的注意。

几乎我们所有的表现都始于一个意念。但是，单凭这个意念是由你产生的，并不足以证明它就一定是真实的。大部分意念都来自大脑的旧神经回路，因为你不断重复的意志，使得这些回路被固定了下来。因此，你必须问问自己："这个意念是真实的，抑或只是我在产生这种感受时不由自主的所思所想？如果我顺应这股冲动行事，会不会给生活带来同以往一样的后果？"事实是，这些都是与种种强烈感觉联系在一起的过往留下的回音，它们激活了你大脑中旧的神经回路，让你用毫无新意的方式做出反应。

动笔时间

当你感受到在第 2 个步骤（即"识别"）中确定的那种情绪时，产生了什么自动化的意念？把它们写下来并牢牢记住——这是一个很重要的环节。为了帮助你识别自己独有的、具有自我限制性的意念，下面的例子可能对你有用。

限制性的自动化意念（你的日常无意识心理演练）：

- 我永远也找不到一份新工作；
- 从来没人听我讲话；
- 他总是让我生气；
- 每个人都利用我；
- 我真想一了百了；
- 今天是我的霉运日，那就别想着能好了；
- 我活成这样全赖她（他）；
- 我真的没那么聪明；
- 我实在是改不了了，也许下次再开始会比较好；
- 我不喜欢这玩意儿；
- 我的人生糟透了；
- 我恨透了 _____ 的情形；
- 我永远也做不出什么改变，我不行；
- _____ 不喜欢我；

- 我不得不比大部分人都更努力；
- 这是遗传，我和我妈（我爸）太像了。

和习惯性思维一样，习惯性行为也是你那独有的不良意识状态的组成部分。那种将你的身体意识化的情绪也影响着你，导致你用记忆中的方式行事。这就是当你陷入无意识状态时的样子。你可能一开始打算得好好的，一转眼却发现自己坐在沙发上，吃着薯片，一手拿着遥控器，一手夹着香烟。而在数小时之前，你还信誓旦旦地宣称要保持体型，要停止所有具有自我破坏性的行为。

大部分无意识行为都被用来以情绪的方式强化人格、满足成瘾性，目的就是让自己产生更多相同的感受。例如，每天都沉浸在负罪感中的人，为了让自己产生这种情绪，他们不得不去做某些行为。可以肯定的是，为了产生更多的负罪感，他们会卷进很多麻烦。我们的很多无意识行为都在情绪上与我们一致，并能给我们带来满足。

另一方面，有很多人会表现出一定的习惯，目的就是让记忆中的不良感觉在短时间内走开。他们会向外寻找某样东西来达到即时满足，把自己从痛苦和空虚中暂时解救出来。对电子游戏、毒品、酒精、食物、赌博或购物的成瘾往往被用来化解一个人内心的痛苦和空虚。

成瘾性制造了你的习惯。可是，从来没有任何外在事物能够永久性地化解你的空虚，所以你一定会变本加厉地重复同样的行为。当兴奋感和强烈快感在数小时后消失无踪，你不得不再次回到同样的成瘾倾向，只是持续时间会更长。不过，当你删除了人格中的那些消极情绪，就消除了破坏性的无意识习惯。

动笔时间

好好想想你确定的那种不想要的情绪。当你产生这种感觉时，会习惯性地做什么？下面的例子中，可能有一些符合你的情况，你可以直接选择。不过一定要把那些你特有的行为加上去。当你陷入那种情绪时，有什么独特的行为方式？把它们写下来。

限制性的行为/表现（你的日常无意识生理演练）：

- 生闷气；
- 独坐一隅，自怜自伤；
- 用吃来化解抑郁；
- 给人打电话抱怨；
- 沉迷于电脑；
- 和爱人吵架；
- 酗酒，表现得像个傻瓜；
- 疯狂购物，以致入不敷出；
- 做事拖延；

- 八卦或传播流言蜚语；

- 就自己的情况撒谎；

- 乱发脾气；

- 不尊重同事；

- 不顾已婚身份与他人调情；

- 吹牛；

- 冲着所有人吼；

- 沉迷赌博；

- 开车横冲直撞；

- 总想成为关注焦点；

- 嗜睡；

- 沉溺于谈论过去。

如果你一时间想不出答案，就问问自己，当置身于各种生活情景时，你心里想的是什么，并"内观"自己的想法和反应。你还可以在心里"透过他人的眼睛"来看自己。他们会怎么描述眼中的你？你会怎么做？

提醒：回忆你不想再做的那个旧自我的点点滴滴

现在，复习一下你列出的清单，并把各项内容记下来。这是冥想必不可少的一部分。你的目标是"熟悉"自己在这种特定情绪驱动下的想法和行为。这是提醒你记得不想再做什么样的人，以及你是怎样把自己搞得如此不幸的。这个步骤帮助你觉察自己的无意识行为，以及当陷入"思维－感觉"或"感觉－思维"的怪圈时，你对自己说了什么，以便让你在清醒状态下对自己有更多有意识的控制。

执行这个步骤的时候，需要循序渐进。换句话说，如果你在这一周内每天都坐下来专注地练习它，可能会发现，自己在不断地对这张清单进行修改、完善。这样很好。

在练习这个步骤时，你会进入位于潜意识的各种程序的操作系统，并把这些程序放在聚光灯上仔细检查。你的最终目的，就是去熟悉这些认知，熟悉到能第一时间把它们扼杀在萌芽状态的程度。然后，你会把那些构成旧自我的突触连接一一拆除。如果说每一处神经连接都构成了一段记忆，那么，你事实上就是在删除旧自我的回忆。

在接下来的这一周内，继续反复回顾这张清单，让自己更清楚地知道自己不想再做什么样的人。如果你能把那个旧自我的点点滴滴都记下来，就能将你的意识与旧自我剥离得更彻底。当你对那些习惯化、自动化的意念和反应变得明察秋毫，它们就再也不能逃过你的注意，再也不能蒙混过关了。而你也将能在它们开始行动前就预料到会发生什么。这就是你获得自由的时刻。

在这一步中，要记住：觉察是你的目标。

◉

现在你已经知道规则了……阅读步骤6并写下该写的东西，然后，你就做好开始第三周冥想的准备了。

第6步：重新定向

当你使用重新定向工具时，会发生什么呢？你会阻止自己的无意识行为。你不再激活那些旧程序，并在生物学上发生改变，让相关的神经细胞不再激发，断开了已经建立起来的神经连接。

如果你曾经和放弃控制权的想法抗争过，这一步会让你更清醒、更明智地将缰绳夺回自己手里，因为只有这样才能打破你的存在习惯。当你变得更有驾驭能力，能够为自己重新定向时，就为创造更完美的新自我打下了坚实的基础。

重新定向：改变游戏

在本周的冥想练习中，将你在前面的步骤中想到的某些情境拿出来，当你开始想象它们或观察自己的心理活动时，大声对自己说："改变！"这种做法很简单，如下所示。

1. 想象一个场景，在这个场景中，你正以无意识的方式思考和感受。

……说"改变！"

2. 留意一个场景（例如，有某个人或某个事物），这个场景会轻易地让你陷入某种旧行为模式。

……说"改变！"

3. 想象自己正卷入某个生活事件中，这个事件让你有很好的理由以不符合理想形象的方式行事。

……说"改变"

头脑中最响亮的声音

在按照前面的步骤提醒自己整日都保持意识清醒后，你现在可以利用重新定向工具在这一刻做出正确的改变了。每当你在生活中敏锐地发现自己正在考虑某个限制性的意念或实施某种限制性的行为时，就立刻大声说"改变"，久而久之，这个声音会变成头脑中的新声音——而且是最响亮的那个。它会成为你用来重新定向的声音。

随着你不断打断那个旧程序的运行，构成旧人格的神经网络之间的联系会被进一步弱化。按照赫布的学习理论，你就会在日常生活中不断拆除与旧自我连接在一起的神经回路。同时，你不再在表观遗传上以相同的方式向相同的基因发送信号。这是让你变得更为意识化的另一步骤，它的目的就是让你形成对自己的"有意识控制"。

当你可以在生活中停止对某人或某物产生类似膝跳反射一样的情绪反应的时候，就选择了放弃那个以有限的方式思考、行动的旧自我。同样的道理，当你能够"有意识地控制"那些可能由一些散乱的记忆或与环境线索有关的联想引发的意念时，就远离了那个可预知的命运——在这个命运中，你只会思考同样的意念，执行同样的行为，而它们只会创造出同样的现实。这是一个提醒，是由你亲自放进意识中的。

随着你变得警觉，对那些熟悉的意念和感受重新定向，并认清了自己的无意识存在状态，就不会再将自己宝贵的能量挥霍一空。当你活在生存状态下时，会打破身体的体内平衡，调动起大量的能量，用这样的方式向身体发送"状态紧急"的信号。那些情绪和意念代表着一种低频能量，这种能量会被身体逐渐消耗掉。所以，当你意识清醒，在这些情绪和意念被身体感知到之前就加以改变，那么，每一次你注意到它们并将之重新定向时，都是在保存极其重要的能量——在创造新的人生时，你可能会用到它们。

联想记忆触发自动反应

既然保持清醒的意识对创造新的人生至关重要，那么，你就非常有必要去理解一下，联想记忆在过去是如何使得你难以保持清醒的，以及练习重新定向如何帮助你摆脱旧自我。

在本书前面的内容中，我们提到了巴甫洛夫对狗做条件反射的经典实验，实验漂亮地证明了为什么改变会如此困难。在那个实验中，狗的反应——学会了对钟声流口水——就是基于联想记忆的条件反射。

你的联想记忆存在于潜意识中。它们是随着时间的推移逐渐形成的。当我们反复地暴露在某种能让身体形成自动化内部反应的外部条件下，进而引发自动化行为时，久而久之，就形成了联想记忆。如果有一种或两种感官对同样的信号有反应，身体就可以在不需要意识过多参与的情况下做出反应。只需要一个意念或一段记忆，就能让身体启动。

出于同样的原因，我们依靠来自生活的无数相似的联想记忆活着，环境中有太多熟悉的东西可以触发这些记忆。例如，如果你看到一个很熟悉的人，就有可能发生某种自动化反应，而你自己对此甚至毫无察觉。看到对方会引出一段来自过往经历的联想记忆，而这段经历与某种情绪密不可分，然后，这种情绪又触发了某种自动行为。在你"想起"过往记忆中的那个人时，身体的化学状态会发生改变。记忆中你对某个人反复出现的条件反射会变成一个程序，这个程序进入了你的潜意识。就像巴甫洛夫的狗一样，你会在刺激物出现的那一刻，无意识地发生生理反应。此时，你的身体掌握了控制权，在过往某些记忆的基础上，开始从潜意识层面运行自动化程序来管理你。

此时，掌握主导权的是你的身体。你的意识已经不在驾驶员的位置上了，因为身体正以潜意识的方式控制着一切。那么，是什么样的信号，让这一切如此迅捷地发生在你身上？它们可能是存在于你外部世界的任何一样东西——或者所有东西。它们的源头就是你与熟悉的环境之间的关系——就是你的生活，与你在不同时间、地点所经历过的一切人和事物息息相关。

这就是为什么在改变过程中要一直保持清醒的意识会如此之难。当你看到一个人，听到一首歌，到了一个地方，想起一段经历，身体就会立刻被过去的某段记忆"开启"。在你思考如何去认同某人或某物时，这种想法会激活一系列在意识层面之下发生的反应，将你在一瞬间送回旧人格状态。你会用记忆中毫无新意的、自动化的方式思考、行动与感受。你潜意识地再次认同了过往熟悉的环境，然后回到了那个活在过去的、熟悉的自我。

当巴甫洛夫在没有当场奖励食物的条件下继续摇铃，时间一长，那些狗的自动化反应变少了，因为它们再也不能维持同样的联想。我们可以说，由于这些狗反复地在没有食物的条件下听到铃声，导致了它们的神经情绪反应逐渐消退。它们停止了流口水，因为铃声已经变成了没有任何联想记忆的普通声音。

在"无意识化"之前警告自己

前面我们说过，在本周的冥想练习中，你要将在前面的步骤中想到的某些情境拿出来，并阻止自己在这些情境中沦为旧自我（情绪上），当你用心灵的眼睛对这一系列情境一一检视时，就是在将自己反复暴露在同一种刺激中（心理上），随着时间的推移，这种暴露会让你对那个情境的情绪化反应逐渐减弱。在过去的身份认同下，你会产生种种动机，如果你能坚持去承受那些动机带来的冲击，并留意自己在这些冲击下有哪些自动反应，就会在生活中变得足够警觉，能及时地阻止自己走向无意识化。时间一长，所有启动那些旧程序的联想就会像听到铃声却没有食物的狗一样——你再也不会对那个与熟悉的人和物联系在一起的、神经化学层面的自我产生膝跳反射一样的生理反应了。

所以，当你想起某个让你生气的人或与前恋人打交道时，已经感受不到那种试图将你拖回旧情绪状态的牵引力了，因为你已经在一段足够长的时间里，在意识中，无数次成功地阻止了自己回到过去。在你摆脱了对这种情绪的成瘾之后，就不会再有自动化反应产生了。在这个步骤中，正是你的有意识觉察将你从日常生活中的相关情绪或思维过程中解脱了出来。在大部分时间里，这些反射性反应没经过你的检查就出去了，因为你正忙着"做"那个旧自我。

你必须超越感觉指标的影响，理性地搞清楚一个事实——那些生存情绪在不断地按下相同的基因按钮，用这种对你不利的方式影响你的细胞，搞垮你的身体。正确理解这一事实非常重要。这就产生了一个问题："这样的感觉、行为或态度是在爱自己吗？"

在说完"改变"后，我喜欢说的一段话是："这不是对自己的爱！得到健康、幸福、自由的回报，比陷在这种一成不变的自我毁灭模式中要重要得多。我不想用情绪向相同的基因以相同的方式发送信号，对自己的身体造成如此不利的影响。没有什么值得我这样做。"

第三周

冥想指南

在第三周的冥想中，你的目标是在原有的步骤上增加第 5 步：观察和提醒，然后增加第 6 步：重新定向，这样就可以把6个步骤连在一起了。第5步、第6步最后会融合成一步。在一整天的时间里，当限制性的意念和感受出现时，要密切观察自己，并不假思索地大声说"改变"，也可以让它成为你头脑中最响亮的声音，将那些旧的声音都压下去。当你达到这样的境界时，就为开启创造之旅做好了准备。

- 第1步：和以往一样，从诱导开始。

- 第2～5步：在完成了识别、承认、宣告及臣服之后，接下来该处理那些逃过了你的觉察的具体意念和行动了。观察你的旧自我，直到你彻底熟悉那些旧程序。

- 第6步：在冥想中观察旧自我，选择几种生活场景，大声地对自己说"改变"。

CHAPTER THIRTEEN

第十三章

为新未来创造新意识

（第四周）

第7步：创造与演练

第四周和前面三周有一点不同。首先，当你阅读第7个步骤并写下该写的东西时，会学到一些关于"创造"的知识，还有如何应用心理演练技巧的说明。然后，你会读到《心理演练冥想引导》，它会帮助你熟悉这个新过程。

其次，你该将所学内容付诸实践了。在这一周，你每天的冥想内容包括从1到7的全部步骤。聆听引导语时，要应用你在前面用过的"专注"和"重复"的方法，创造新的自我、新的命运。

概述：创造并演练新的你

在你开始练习最后一系列步骤前，我想指出一点：设置前面几个步骤的目的，是帮助你打破存在习惯，这样你才能在意识和能量上腾出空间，为重建新自我做好准备。到目前为止，你一直在致力于拆除旧的突触连接。现在，是时候培植新的连接了，让你创造出来的这个新意识变成平台，去承载未来那个新的你。

你前面所做的一系列努力帮助你删除了一些与旧自我相关的东西。那个旧自我在很多方面都"杂草丛生"，而你把这些杂草拔除了。你也慢慢熟悉了自己的无意识状态，它代表了你的思考、行动及感受方式。通过元认知练习，你在清醒的意识状态下，观察到了大脑那些常规性、习惯性的激发方式——这些方式总是免不了落入旧人格的窠臼。自我反思的技巧可以让你将拥有自由意志的意识与那些自动化程序分开——正是这些自动化程序导致你的大脑用完全相同的序列、模式与组合激发。现在，你已经对大脑可能持续了数年的旧工作方式进行了详细的检查。而且，既然意识的操作性定义就是活动中的大脑，那我们可以说，你已经对自己有限的意识进行了客观的审查。

创造新的你

既然你正开始"丢掉"自己的意识，那么，是时候创造一个新的意识了。让我们开始"栽培"一个新的你。你每日所做的冥想、沉思以及心理演练，就如同在精心侍弄一个花园一样，会培养出一个更高版本的你。当你去了解新的信息，阅读一些代表最新理想自我的历史人物的传记时，就像是在播种一样。在重新打造一个身份时，你越有创造性，将来收获的成果就越丰硕。你坚定的意愿和专注就像水和阳光一样，保证了种在花园里的梦想能够茁壮成长。

如果在新的未来出现之前，你就真切地感受到那种梦想成真的欣喜情绪，这就像为自己的花园安装了安全网和栅栏一样，保护着你那依旧脆弱的新命运免受害虫和艰苦的气候条件侵袭，因为你正用高水平的能量庇护着自己的创造物。而且，当你爱上了那个未来的自己时，就相当于在用神奇的肥料滋养潜在的植物和果实。相比一开始就杂草丛生、爬满害虫的生存情绪，爱是一种属于更高频率的情感。除旧迎新，这就是蜕变。

演练新的你

接下来，是时候创造一种新的意识了，反复练习，直到你对它完全熟悉。如你所知，神经回路被同时激发的次数越多，它们之间建立起持久关系的可能性就越大。如果你成功地激发了一系列与特殊意识流相关的意念，你就会发现，此后再制造同等水平的意识时，你会感觉轻松多了。因此，随着你每天不断地心理演练最新的理想自我，用这种方式不断重复同样的意识结构，久而久之，这种意识结构就会变得越来越寻常、越来越熟悉、越来越自然、越来越自动化、越来越潜意识化。存储到记忆中的你也逐渐变成"另一个人"。

在前面的步骤中，你删除了某种存储在"躯体化意识"中的情绪。现在，该让你的身体习惯一种新意识，并用新的方式向你的基因发送信号了。

在最后这一步中，你的目标就是在大脑中——也在身体里——掌控一种新的意识。这样你才会对它了如指掌，才能随心所欲地复制同等水平的存在状态，并使其看起来既自然又简单。重要的是，你要利用新的思考方式，将这种新的意识状态存储下来；然后，让你的身体记住与这种状态相关的新感觉，保证任何外界事物都不能将你从新的意识状态中剥离。达到这种水平之后，你才真的准备好了去创造一个新未来并活在其中。当你进行心理演练时，就是在反复地、坚持不懈地从虚无的状态中创造新的自我，所以，你深知如何随心所欲将它召唤出来。

创造：用想象与虚构让你的新自我变成现实

在这个步骤中，你要在一开始就询问自己一些开放式问题。如果这些问题能引发猜测，能让你用和平时不一样的方式去思考，能让你接受新的可能性，你的额叶就被启动了。

整个思考过程就是你用来构建新意识的手段。你迫使大脑用新的方式激发，为新的自我搭起平台。你正在开始改变意识！

动笔时间

请花一点时间写下你对下列问题的回答。然后再回头检查一下，对这些答案进行思考、分析，推断它们将引发的所有可能性。

让额叶启动的问题

- 我的最大理想是什么？

- 成为 ＿＿＿ 会是什么样的？

- 我最钦佩的历史人物是谁，他们是怎么做的？

- 我生活中认识的 ＿＿＿ 是什么样的？

- 要怎样才能像 ＿＿＿ 那样思考？

- 我想模仿谁？

- 如果我是 ＿＿＿ 会怎么样？

- 如果我是这个人，会对自己说什么？

- 如果我改变了，会怎样和别人说话？

- 我想提醒自己做什么事或成为什么样的人？

　　你的人格由你的思考、行为和感觉方式构成。因此，我收集了一些问题，用来帮助你更具体地确认一下，你希望新的自我有哪些表现。记住，当你得出了自己的答案，并对它们详加思考时，就是在往大脑里安装新程序，在身体里用新方式向各种基因发送信号，将它们激活。（你也可以在过程中随时列出一张新的清单。）

我想怎样思考

- 这个全新的人（我的理想形象）会怎样思考？

- 我想把自己的能量用于哪些意念？

- 我的新态度是什么？

• 我希望自己在哪些方面有信心？

• 我想让人怎么看我？

• 如果我是这个人，会对自己说什么？

我想怎样行动

• 这个人会用什么方式行动？

• 他（她）会做什么？

• 我会怎么看自己的行为？

• 新版本的我会怎么说话？

我想怎样感觉

• 这个新自我会是什么样子？

• 我会产生什么感觉？

• 在这种理想状态下，我的能量会是什么情况？

当为了创造一个全新的自我而冥想时，你要做的，就是每天都复制同样的意识革新，用和平时不一样的方式去思考和感觉。你应该具备随心所欲重复同样的意识结构，并使其成为常态的能力。不止如此，你还必须任由身体去体会那种新的感觉，直到让自己真的成为不一样的人。换言之，当你结束冥想站起来时，不能和刚才坐下去的是同一个人。蜕变必须在此时、此地发生，你的能量也应该和刚开始冥想时不同。如果站起来时，你还是同一个人，感受也和刚开始的时候一样，那就什么都没有真正发生。你还是同样的身份。

因此，如果你对自己说"我今天不想干这个，我太累了，我很忙，我头疼，我和母亲（父亲）太像了，我改变不了，我想吃点东西，我可以明天再开始，这种感觉不好，我应该打开电视看看新闻"等，而且你允许这些内心的声音登上额叶搭建的舞台，你就会一直以同样的人格站起来。

你必须用意志、意愿和认真的态度去战胜这些身体上的冲动，必须认识到这些诱哄和唠叨是旧自我为了抓住控制权而做的斗争。你要允许身体反抗，但必须迅速地把它带回当下的状态，安抚它，让它放松，然后再次开始冥想。假以时日，它就会逐渐信任你，让你重新成为主人。

演练：记住新的你

现在，你已经对自己的答案进行了认真的思考，是时候演练它们了。重温一下，如果你成为了理想中的自己，会如何思考、行动和感觉。在此申明一点，我不希望你们变得太机械或僵化。这是一个创造过程，要允许自己有想象力，要自由自在，要充满主动性。不要逼着自己让答案非此即彼。不要在每一次冥想中，都用同样的方式按部就班地完成清单里的每一项。记住，通往罗马的道路不止一条。

你只需要记住那个最高版本的自我，并提醒自己该如何行动。该说什么，该如何走路、如何呼吸；如果成为了理想中的那个人，你该怎样去感受？你该对自己和他人说些什么？你的目标是进入一种"存在状态"，并变成理想中的形象。

例如，回想一下那些钢琴演奏者，他们在没有接触任何琴键的情况下，用心理演练的方法练习钢琴曲，却获得了与那些用身体在同样的时间里练习同样曲子的人几乎完全一样的大脑改变，他们是怎么做到的？每日的心理演练改变了他们的大脑，让他们感觉自己已经有了实际进行这项活动的体验。他们的意念变成了经验。

你是否还记得那项与心理演练相关的手指练习实验？那些被试虽然没有真正动过一根手指头，身体却表现出了明显的物理改变。在我们正讨论的这个冥想步骤中，每天的心理演练将改变你的大脑和身体，让它们走在时间的前面。

再次提醒大家，这就是为什么要对新自我的所有表现进行心理演练、为什么这种演练如此重要。这是你在生物学上改变大脑和身体，让它们不再活在过去，而是循着地图走向未来。如果身体和大脑改变了，你就会看到能证明自己已发生改变的现实证据。

对全新的自己了如指掌

接下来的内容是关于如何达到"无意识熟练"的专业水平。当你对某件事情达到"无意识熟练"的水平时，意味着无须给予大量有意识的思考或关注就能完成某项活动。这就像从一个新手司机变成老司机；像织毛衣，会织的人根本不需要有意识地去考虑如何完成下一个动作；像耐克的那句老的广告语——只管去做。

如果在实际练习中，这一部分让你感到无聊，要将其视为一个好的迹象。这意味着你开始对新的操作模式感到熟悉、寻常、自动化。这是一个关键时刻，为了将这些信息牢固且具体地存入你的长期记忆，你必须达到这个境界。所以，你一定得努力战胜这种厌倦感，因为每一次当你在想象中成为那个理想自我时，都意味着下一次可以更轻松地离这个新自我更近一步。你将自己的新模型镌刻进了记忆系统，让它变得更潜意识化、更自然。如果你持续练习，就无须再费劲地把自己想象成它，因为你已经变成了它。这就是最基本的道理——熟能生巧。这个过程就是你训练自己的过程，就像训练自己学会任何一项运动一样。

　　如果你的演练方法是正确的，那么，在每一次的练习中，你都会发现完成起来比上一次更轻松。为什么？因为你已经整装待发；你已经命令那些神经回路在大脑中联合起来一起激发，让大脑做好了热身运动。你还制造了正确的化学物质，让它在你的体内循环流动，选择新的基因表达，并让身体自然而然地处于最合适的状态。此外，你还抑制了大脑中与旧自我有关的区域，让它们"安静下来"。因此，大大降低了那些与旧自我相关的感觉用同一种固定方式刺激身体的可能性。

　　记住，大部分能够在大脑中激活并生成新神经回路的心理演练，都包括学习知识、接受指导、保持注意及一次又一次地反复练习。大家知道，学习是建立新的神经连接；指导是告诉身体要"如何做"才能产生新经验；在建立新的神经连接时，对当前行为保持注意是绝不可少的，因为它保证了你在生理和心理上感知到刺激的存在；最后，重复能够在神经细胞之间激发并保持长期的关系。要建立新的神经回路、产生新的意识——这正是你在冥想中要做的——离不开上面提到的这些因素。而重复是我想在此重点讨论的。

　　在学习本节内容时，你会在大脑中建立一些重要的突触连接，它们是开路先锋，接下来形成的新经验才是重点。学习知识和获得经验这两个过程都进化了你的大脑。你还会得到正确的指导，知道在改变过程中如何完成"反学习"和"学习"。你要理解保持专注的重要性，密切注意自己的心理和生理活动，去重塑大脑、改变身体，让努力有所成效。最后，只有反复对新的理想自我进行演练，才能一次次地达到相同水平的意识和身体状态。重复会将那些曾长期持续的神经回路彻底封死，并激活新的基因，让你在第二天的练习中更轻松地达到目标。设置这个步骤的目的，就是让你练习如何复制同样的存在状态，使它变得越来越简单。

保持专注的关键是频率、强度和持续时间。也就是说，你练习的次数越多，就越容易做到；你专注、凝神的水平越高，下一次进入那种特殊意识状态时就越轻松；你保持让意识不为外界刺激所动、在理想的意念和情绪中逗留得越久，对新的存在状态的记忆就会越深刻。这个步骤的所有内容，都是关于如何在清醒的状态下"变成"你的理想自我。

拥有新人格，打造新现实

在这个步骤中，你的目标是拥有一个新的人格，进入一种新的存在状态。所以，如果你现在有了一个全新的人格，那就意味着变成了另一个人，对吗？你的旧人格，是在过往的思考、感觉及行为方式基础上形成的，它创造了你此刻正在体验的现实。简言之，你在这种人格状态下是何种情形，决定了属于你的个人现实是何种情形。还要记住，你的个人现实是由你的思考、感觉及行为方式构成的，既然如此，如果你能采用新的方式来思考、感觉、行动，就相当于创造了新的自我与新的现实。

你的新人格应该能够创造一个新的现实。换句话说，当你变成另一个人时，自然就会拥有一个新的人生。如果你在突然之间换了身份，就会成为另一个人，当然也会以另一个人的方式生活。如果一个名叫约翰的人格变成史蒂夫的人格，我们就可以说，约翰的人生将发生改变，因为他不再是以约翰的状态存在，而是以史蒂夫的方式去思考、行动、感觉。

因此，从量子角度说，当我们想有所创造的时候，这个新人格是最佳起点。过往的自我就像一艘抛锚的船一样，被搁浅在各种熟悉的生活情境里——周而复始都是相同的场景。但新的身份不再是一艘搁浅的船，会扬帆远航，所以，它是一个完美的立足点，我们可以站在这里眺望新的命运。为什么你的祈祷在过去几乎没得到过任何回应？原因很简单——虽然你试图专注于某个目标，却一直迷失在与旧自我紧紧联系在一起的低级情绪中，诸如负罪感、羞愧、悲伤、无价值感、愤怒或恐惧等。别忘了，支配着你的意念与态度的，正是这些感觉。

你那 5% 的意识一直在与另外 95% 的潜意识搏斗——这些潜意识就是"躯体化意识"。当你在脑子里想着一套，身体却感觉着另外一套时，是产生不了任何实质结果的。在这种情况下，你以能量的方式向那张谱写现实的无形网络释放的信号也是混淆不清的。因此，如果你因身体所存储的罪恶感而一直心怀内疚，那么，无论你活在什么样的状态下，都会被周围的情境诱发出更多让你感到内疚的原因。当你陷入那种记忆中的情绪时，你意识中的目标根本就没有立足之地。

而在新的身份下，你的思维和感觉与旧身份时截然不同。在此时的意识和身体状态中，你发出的信号是完美的，因为彻底摆脱了过往记忆的影响。第一次，你意识的镜头向上抬起，超越了当前的景象，看到了新的地平线。你看到的，不再是过去，而是未来。

简而言之，当你还处于旧的人格状态时，是不可能创造出新的个人现实的。你必须成为另一个人。一旦你进入新的存在状态，"当下"就是创造新命运的最好时机。

创造新的命运

这个环节是处于新的存在状态、新的人格中的你，创造新的个人现实的时间。现在，你可以把此前从身体中解放出来的能量当成原材料，去创造新的未来。

那么，你想要的是什么呢？是想治愈身体的某些部位，还是修补生活的某个领域？是想要一段充满爱的关系，一份更满意的工作，一辆新车，还是还清债务？或者是想要一个战胜某种人生阻碍的方法？你的梦想是写一本书，送孩子上大学，让自己重返校园，去攀登某座山，去学习飞行，还是戒掉某种成瘾性？在读到上面我举的这些例子时，你的大脑会自动创造出一幅与之对应的图像来。

在意识与身体的高级状态下，怀着爱、喜悦、自强以及感恩的情绪，充满更强大、更整合的能量——此时已万事俱备，只欠东风了。东风是什么呢？是在意识世界里展开想象的翅膀，清晰地描绘你希望以新的人格在新的人生里创造的图像。你希望在未来有哪些经历？按照自己的意愿，在想象中对梦想的事件精雕细琢，然后用量子观察者的方法，将它们观察成物理现实。不要给自己任何约束，任由自己去展开天马行空的自由联想，无须做任何理性的分析。在你脑海中浮现出来的那些画面，就是新命运的蓝图。而你，作为量子观察者，正在令物质服从你的意愿。

你要让每一幅浮现在脑海里的画面尽量清晰，并坚持数秒钟，然后将它们发送到量子场中，让它们变成现实。

正如量子物理中的观察者一样，当他们注视着某个电子时，该电子会从概率波状态坍缩为被称为粒子的事件——物质的物理表现，而你所做的与此相同，只不过是在一个更大的范围内。你正在用自己的"自由能量"将一系列概率波坍缩成被称为"人生新体验"的事件。此时，你的能量与那个未来现实缠绕在一起，它是属于你的。因此，你正与那个未来现实缠绕在一起，它就是你的命运。

最后，不要试图去搞清楚"怎么样""在什么时候""在什么地方"以及"和谁"这些问题。你只需要清楚地知道，自己创造的东西会以一种最出乎意料的方式到来，会让你惊喜莫名。你会充满信任，知道生活中所有的事件一定会完美符合自己的意愿，如同为你量身打造。

概述：心理演练冥想引导

现在，该进入一种新的存在状态（这种状态反映了你的新版自我），并据此再造一个新的你了。当你让自己的意识和身体都做好了准备时，这一步就算完成了。接下来要做的，就是对这种存在状态进行反复演练。在你试图再现同样的存在状态时，做出的努力会让你的大脑和身体在新的体验尚未发生前，就发生生物学上的改变。然后，一旦你在冥想中进入一种新的存在状态，新的存在状态就会产生新的人格，而新的人格会创造出新的个人现实。正是在这种情况下，你作为命运的量子观察者，在能量的高水平状态中，创造出了生活中的具体事件。虽然这个《心理演练冥想引导》包括三个部分，但在被纳入第四周冥想时（参见附录 C 的冥想引导），它们会天衣无缝地融为一体。

心理演练冥想引导：创造新的你

现在，闭上你的眼睛，消除环境对你的影响，忘掉自己，在想象中"创造"想要的生活。

你要做的，就是进入一种新的存在状态。是时候改变你现有的意识，换一种新的思维方式了。在这个过程中，通过用新方式向新的基因发送信号，你以情绪的方式让身体逐渐适应新的意识。现在，就让意念成为经验，让自己活在那个未来的现实里。敞开你的心扉，在真实体验发生之前就感恩吧，深深地，深深地感恩，让你的身体相信，未来的事件此刻就在你眼前徐徐展开。

从量子场里挑选一个潜在的可能，全然地活在这种可能里。是时候改变你的能量了，不要再活在过去的情绪里，要活在属于新未来的情绪里。当你结束这次冥想站起来时，不能和刚才坐下去的是同一个人。

提醒自己，当睁开眼睛时，想变成什么样的人。在新的现实里，你希望自己是什么样的？按照这个理想目标来规划你的行动。尽情想象那个全新的自己，你会怎么说话？会对自己说些什么？成为理想自我会是一种什么感觉？把自己想象成一个全新的人——会做一些具体的事情；会用特定的方式思考；能体会到喜悦、振奋、爱、强大、感恩及充满力量的情绪。

专注你的目标，将你关于最新理想的意念变成内在经验，当你从这些经验中感受到了情绪，就从思考状态进入了存在状态。记住在新的未来里，你是谁，是什么样子。

演练新的你

现在，让自己放松几秒钟。然后，把你刚才所做的回顾一遍，再现一遍，重新演练一遍。放开脑海中的那些画面，看看自己是否能够反复地、始终如一地重现它们。

你能比上一次更轻松地进入这种理想状态吗？你能再一次从虚空中将它创造出来吗？你要能够自然而然地想起自己希望成为"谁"，这样才会知道如何随心所欲地让它出现。你要反反复复地努力，这将意味着熟能生巧。当你顺利地进入这种新的存在状态，一定要"将那种感觉存储到记忆里"。这是一个神奇的停留之地。

创造新的命运

现在,是时候让物质听命行事了。在意识与身体的这种高级状态下,你希望为未来的人生创造什么?

当你让新的自我一点点呈现时,记住,要进入那种让你感到无敌、强大、绝对、振奋与狂喜的意识与身体状态。让画面徐徐展开,用肯定的眼光看着它们,确信自己与这些事件或事物是一体的。和这个未来紧紧地结合在一起,仿佛它就是你的,除了期待与庆幸,你没有任何担心。尽情展开自由的联想,无须有任何顾虑。让这种新的自我感觉给你力量。让每一个画面清晰地浮现在脑海里,坚持几秒钟的时间,然后放开它们,让它们进入量子场中,然后进入下一个画面……继续下一个……这就是你新的命运。在当下这一刻,尽情地体验那个属于未来的现实,直到用情绪说服你的身体,让它相信梦想的事件此刻正在上演。敞开心扉,去体味新生活的喜悦,即使它还尚未发生……

你要知道,你的注意力放在哪里,你的能量就倾注在哪里。在前面的步骤中被你从身体释放出来的能量,现在变成了供你使用的原材料,用来创造新的未来。在一种真正伟大的、充满感恩的状态里,在你自身能量的加持下,去创造,去做一个量子观察者,观察属于你自己的未来。与你的新现实缠绕吧。当你在属于新人格的能量中，看到那些你想去经历的画面，你就会知道，这些画面将成为你自己的命运蓝图。你正在指挥着外界，让它们服从你的意愿……做完这一切之后，你只需要放开这些画面，让它们进入量子场中。你深深知道，未来将以一种完美契合你的方式，在你面前徐徐展开。

第四周

冥想指南

既然大家已经阅读了第7个步骤中的文字材料，也记下了该写的东西，那你就已经做好准备，可以开始第四周的冥想了。在本周的每一天里，大家都要聆听完整的第四周冥想引导语（或者按照记忆练习）。

给大家一个有用的提示：在冥想引导中，你可能会感觉非常好，以至于会情不自禁地在心里或者大声说出下面的话：我是富有的，我是健康的，我是个天才——因为你确实感觉如此。这非常好。这意味着你的意识和身体是一致的。不要去分析自己正梦想着的东西，这一点非常重要。如果你去分析，就会离开 α 波模式这块肥沃的土地，重返 β 波模式，也离开了好不容易进入的潜意识领域。你只需要在没有任何评判的前提下，创造一个全新的自己。

继续冥想

在过去的几周里，你用心学习了一种冥想方法，这种冥想方法可能会成为让你终身受用的工具，帮助你的人生发展，帮助你创造想要的生活。你还可以用这项新技能来清除旧自我的某一特殊方面，开始创造新的自我和新的命运。

这个时候，许多人会有很多问题要问，诸如：

- 我怎样才能利用这些冥想步骤和技巧让自己继续进步？
- 在我掌握了这个冥想过程后，是否应该一直保持同样的方式不变？
- 目前我正专注于自我的某一方面，我需要在这上面坚持多久？
- 我要怎样才能知道，已经可以撕开另一层"洋葱皮"了呢？
- 在持续应用这个冥想过程时，如何确定下一个需要改变的旧自我成分呢？
- 我是否能利用这个过程来一次性处理多方面的问题？

把冥想变成自己的东西

如果你继续每天对所有步骤勤加练习，过去感觉各自独立的 7 个步骤会变得越来越简单，步骤之间的距离越来越小，最终融为一体，一气呵成。正如你在生活中熟练掌握的任何东西一样，只有坚持每天冥想，才能变得越来越娴熟。

至于冥想引导语和第一个步骤中的诱导语，你可以将它们当作自行车上的辅助轮。如果在学习冥想的过程中它们对你有所帮助，你可以选择继续听下去——只要它们有助于你进步。但是，一旦你对这个过程已经熟悉到了完全变成自己的东西，觉得听这些引导语是在扯后腿时，就可以让它们功成身退了。

继续剥下"洋葱皮"

对你的冥想进行周期性调整——这是极其自然的事，也是值得期待的事，因为你和刚开始的你已经不再是同一个人了。只要你继续每日练习，你的存在状态会持续进化，你也会因此继续识别出旧自我中需要改变的方面。

只有你自己能确定什么时候可以继续下一步、以怎样的速度向前推进。正如我在下一章将会讨论的，你的进展不止取决于你的冥想情况，还取决于你是否已让"改变"成为日常生活中不可分割的一部分。不过，一般情况下，在具体练习中，如果针对自身的某个特殊方面花上 4～6 周的时间去处理，可能就足以让你感觉到想去剥下又一层自我的内在冲动。

所以，按照大约每月一次的频率，进行自我反省。仔细检视你的生活，看看是否存在着对你的创造物及行为方式的反馈。在这个过程中，你可能需要回顾一下本书的第三部分，看看自己都回答了哪些问题，要特别注意那些现在有了不同答案的。对你现在的感觉、一直以来的为人进行重新评估，还要检查一下你一直在处理的那种态度是否依然存在。如果你感觉那种态度已经逐渐弱化了，那有没有注意到其他让你感觉明显的不良情绪、意识状态或者习惯？

如果确实有，那你可能就要把注意力放在这个问题上，将刚刚完成的过程重新再来一次。此外，你可能还想一边增加新的处理对象，一边继续处理前面一个问题。

一旦你掌握了如何冥想的基本方法，就可以将正在处理的情绪整合到一起，在同一时间内处理好几个问题。以我自己为例，在经过了大量的练习后，我现在可以采取我视为整体的、非线性的方法，同时处理整个自我。

当然，在你想要创造的新命运中，各种因素肯定也会发生改变。当你想要的新关系、新工作降临到生活中时，你肯定不希望仅止于此。每隔一段时间，你或许也会选择进行不同的冥想，只是想做一些改变。相信你的直觉。

CHAPTER FOURTEEN
第十四章

实证与通透：活出新的自我

　　当你的改变已经明明白白地显露于外，说明你已经形成了一个超越外在环境线索的内部秩序，并将这个内部秩序存储到了记忆里。这个内部秩序能让你的能量居高不下，让你在新的现实中始终保持清醒的意识，不再受身体、环境及时间的制约。那么，当结束冥想，走进现实生活时，你又打算以什么样的状态出现呢？当你和家人在一起时，忙碌于工作场合时，和孩子们在一起时，正在享受午餐时，不要忘了提醒自己那个在冥想中创造的存在状态。你能维持这个改良后的存在状态吗？如果你能把那些用于创造的能量同样用来生活，你的世界就一定会出现不同——这是不变的法则。当你的行为符合你的意愿，当你的行动与意念一致，当你变成另一个人，你就走在了时间的前面。环境已经无法再控制你的思维和感觉，反而是你的思维和感觉控制了环境。这就是真正的伟大，它一直在你体内……

当你的"外在自我"就是"内在自我"，你就彻底摆脱了过往的奴役。所有被占用的能量如今都解放了出来，这种自由产生的意外结果就是"喜悦"。

实证：活出新的自我

当你的内部神经化学状态变得非常有序、一致，杂乱无章的外部世界已经无法再用任何刺激来破坏你当下的存在状态时，你的意识和身体也会变得和谐一致。此时，你是一种全新的存在。这种存在状态也是一种全新的人格，当你把它存储到记忆里，你的内部改变就会在外在世界和个人现实中反映出来。当你表现出来的自我与内在自我一致，新的命运就在前方向你招手。

你能在生活中维持这种改变，让身体不再回到过往那一成不变的意识中去吗？既然情绪是被存储在潜意识记忆系统中的，你的任务就是在意识层面让身体与新的意识保持一致，保证环境中没有任何东西能在情绪上将你钩回旧的现实。你必须记住那个新自我，并坚持以此自居，只有这样做，当前的现实才无法把你从新自我中剥离出来。

记住，当你结束冥想站起来时，如果在此过程中一切无误，你就会从思考前进到存在。一旦你进入那种存在状态，就会更容易以与这种存在状态一致的方式去行动、思考。

实证就是整日"成为它"

简言之，实证就是在新的人生中，带着新的期望和兴奋奋力前行；是提醒自己，必须以创造最新理想时同样的意识和身体状态存在。你不能只在早上（或晚上）的冥想中创造一种新的人格，却在一天中的其余时间里以旧人格生活。这就像是在早上吃一顿真正健康的大餐，在接下来的时间里却全靠垃圾食品果腹一样。

为了让你的现实世界中出现新的体验，你必须让自己的行动与目标一致；让意念与行为一致。你所做的选择必须与新的存在状态一致。进行实证时，你要身体力行那些心理演练过的东西，让身体实际参与进来，让它将意识学会的东西付诸实践。

因此，为了亲眼见证那些信号在生活中真实地呈现，你必须让自己活在用于创造的能量中。简言之，如果你希望宇宙用全新的、不寻常的方式回应你，你表现出来的能量与意识就必须与你在冥想中用于创造新理想时的能量和意识完全相同。就在这个时候，你会与自己创造出来的能量在超越时空的维度中相连接、相缠绕，这也是你将新的事件吸引到生活中来的方式。

当自我的两个方面完全一致（即"外在自我"与"内在自我"重合），生活在"当前"的"你"与你在冥想中建构的理想人物是相同的。你就是那个以概率的方式存在于量子场中的"未来的你"。当你在冥想中创造出来的那个"新自我"，和你即将在生活中成为的"未来自我"拥有完全相同的电磁特征时，你就与那个新的命运统一起来了。如果在当下这一刻，你以肉体形式"成为"了那个梦想中的"未来的你"，就会得到新的现实带给你的奖赏。

期待反馈

你在生活中得到的反馈，是创造过程中的存在 / 能量状态与实证过程中的存在 / 能量状态达成一致之后产生的结果。它"存在"于你在这个特殊的实证层面上创造出来的存在状态中。你只能活在当前物理现实的时间轴上。因此，如果你能够一整天都维持着改良后的意识与身体状态，生活就会出现不同。

那么，哪些类型的反馈是你应该看到的呢？你应该期待的是同步、机遇、巧合、流动、轻松的改变、更好的健康、领悟、发现、新关系，等等。新的反馈会激励你去继续一直在做的事情。

当外部世界的反馈作为内在努力的结果出现时，你会很自然地将内在行为与外在表现联系起来。这本身就是一个新奇的时刻，从根本上说，它证明你正按照量子法则生活。你会震惊地发现，自己得到的外在反馈原来是意识与情绪在内部作用的结果。

当你将自己在内隐世界中所做的一切与外显事实联系起来时，就会注意到并记起自己此前为达成这个结果而所做的一切，并且会重复这个过程。而当你能够将内部世界与外部世界中的各种结果联系起来时，就是在"创造结果"，而不是按照"因果论"生活。你正在创造现实。

我们来做一个小测试：当你冥想的时候，是否能够在外部环境中成为与内部世界中的那个你相同的人？你能否超越当前这个与过往人格、记忆及联想有千丝万缕联系的环境？你是否能够停止对相同情境的习惯性反应？你是否已经调整好了身体，塑造好了意识，准备好先行一步，将眼前的现实甩在后面？

这就是我们要冥想的原因——在生活中变成另外一个人。

在生活中执行"新我"计划

记得提醒自己，每一天都要让能量保持在一个与新自我匹配的高水平状态。在这个阶段，你要敦促自己，只要是醒着的，就要保持清醒的意识。你可以做好准备，有意识地在人生的画布上做一些标记。

例如：

每日晨浴的时候，我要为生活中不同的原因感恩；开车上班的时候，我要继续心怀感恩，这样就会全程感到喜悦；看到老板的时候，我要提醒自己以全新的人格来表现；午餐的时候，我要提醒自己抽出一点时间，回忆一下想成为什么样的人；晚上见到孩子们时，我要精神振奋、充满活力，真正和孩子们亲近；准备上床睡觉的时候，我要花一分钟的时间，提醒自己现在是谁。

一天结束时的问题

当一天结束时，下面这些问题可以帮助你简单回顾一下，你是如何呈现"新自我"的。

- 我今天表现如何？
- 我在什么时候表现不佳？原因是什么？
- 我在什么地方、对谁做出了回应？
- 我在什么时候"陷入无意识状态"了？

• 如果上面的情况再次发生，我该如何更好地应对？

上床前，凝神思索一下，在这一天中，你在什么地方丢掉了自己的理想形象。这是一个很好的方法。一旦你能清楚地看到那些总是将你刺激得忘记初衷的地方，就问自己一些简单的问题，如"如果这种情形再次发生，我会采取什么不同的方式？""如果这种情况再次出现，有哪方面的知识或者哲学理论能派上用场？"

只要能得出一个确定的答案，并在深思熟虑后去认真执行，你就会对一个新的因素进行心理演练——这个因素将会使另一个部分的你变得圆满。你会在大脑中形成新的神经网络，为未来某个时间可能发生的某个事件做好准备。这个小小的举动将帮助你对那个改善后的新自我进行再次升级、完善。然后，你就可以把这个最新版本的自我纳入每日早上（或晚上）的冥想中。

由内而外变得通透

当你进入通透状态后，你的"外在自我"就是"内在自我"，而你内在的意念和感受会在外部环境中真实地反映出来。在达到这种境界后，你的生活与你的意识就变成了同义词。这是"你"与所有外在创造物之间的最终关系。这就意味着，你的意识会在生活的所有领域中反映出来。你就是你的生活，你的生活是你的倒影。

通透是一种真正强大的状态，在这种状态中，你实现了（使其成真）个人蜕变的梦想。你从经验中获得了智慧，超越了当前的环境与过往的现实。

怎么判断自己是否达到了通透状态呢？通透的标准就是你不会有很多过度分析或批判性的念头——你根本就不会那么想。它会带你离开当前的状态。通透的附带结果就是真正的喜悦、更多的能量以及在表达方式上的自由，而任何与自我内驱力相关的念头都会拉低你内心的高级感受。

这一刻将会到来……

当生活带着各种新鲜美妙的事件，在你面前徐徐展开；当你认识到，是自己的意识创造了它们，就会迎来这样的时刻——你感到敬畏、惊奇与彻底的觉醒。这是你整个人生旅程中的一个巅峰，你会在狂喜中回望走过的路，觉得一切都刚刚好，希望一切都不要改变。你不会后悔做过的一切，也不会对发生过的任何一件事感觉不好，因为在这样的时刻，一切都是如此合理。你会清楚地看到，过去的点点滴滴是如何让你达到今日这惬意境界的。

那些制造了情绪伤痕的创伤性事件曾经让你将真正的人格扔在一边，让你变得更复杂、更极端、更分裂、更矛盾、更平庸。当你删除了那些能轻易将意识和身体的频率降低的生存情绪，就会被提升到更高级的电磁模式，被一种更强大的频率启动。当你打开门，迎接更伟大的力量进入，让它变成你，你就解放了自己。

最后，它就是你，你就是它，你们合二为一，不分彼此。你会感受到一种整合一致的能量，你的内在世界从此进入了毫无限制的状态。

一旦与意识之井建立起连接，并从中啜饮甘甜的井水时，也许你会体验到什么是真正的悖论。此时，你极有可能会觉得人生如此圆满，想不出还有什么欲求。对我而言，认识到这种矛盾确确实实是一个深刻的领悟。

需求与欲望源于对某物、某人、某地或某些时刻的缺乏。当我与这个意识真正建立连接时，很难再想到别的东西，因为一切都太美好了。我感觉如此完整、圆满，任何意念都不值得让我离开这种状态。

所以，具有讽刺意味的是，一旦你抵达了那个创造之地，就不再需要任何东西了，因为让你产生欲望的匮乏感和空虚感已经消失了，被一种完整、充实的感觉取而代之。结果，你会只想在这种平衡与整合的状态中流连忘返。

我觉得，这就是真正无条件的爱的开始。怀着对生命的爱与敬畏，不需要任何来自外界的东西，这就是自由。不需要再与任何外在因素捆绑在一起。这种感觉是如此和谐一致，在这种状态下，无论是去审判另一个人，还是对生活和改变做出情绪化的回应，都是在牺牲自我。我们开始向人性的更高层次迈进，我们变得更有爱，更专注，更有力，更慷慨，更有目标感，更仁慈，更健康。

还有一些神奇的事情也开始发生了。当你感到振奋与喜悦时，会觉得如此美妙，美妙到情不自禁地想与人分享。你会怎样分享如此美好的感觉呢？那就是给予。你会这样想：我感觉如此快乐，如此美妙，忍不住想让你也和我一样。所以，我要送给你一个礼物。于是，你开始给予，让其他人可以从你的礼物中感受到你想表达的东西。这样的你是无私的。想象一下这样的世界吧。

无论如何，如果你能在这种圆满的内部秩序中打造出新的现实，就一定知道，你将从意识的某种存在状态开始自己的创造，在这种存在状态中，你与渴望的东西不会再分离——不管你渴望的是什么。你与自己的创造物绝对是一体的。如果你能自然、顺畅地进入这种状态，忘记所有与过往的你捆绑在一起的东西，你就会产生一种富足感，并清清楚楚地知道，眼下你全心关注的创造物是完完全全属于自己的。那是一种什么感觉呢？就像在最有效点击球一脚进门，或者在方寸之地不需后视镜完成停车入库一把到位。一切都心想事成、恰到好处。你不知道为什么，反正就是知道。

◎◎◎◎◎

再次提醒大家回忆一下，我在有关量子的那一章中提出的观点。如果反馈是以一种你能意料或预测的方式到来，那它也不会是什么新东西。对有些东西，尽管你内心深处知道是熟悉得不能再熟悉的，却总是忍不住要赋予它们某种新奇性、不可预测性——请你一定要抵挡住这种诱惑。在新的人生中，你必须受到某种震惊，而且，这种震惊从某种意义上说是让你措手不及的——让你震惊的不是出现的东西，而是它出现的方式。

当你体会到了那种惊喜，就会从梦中觉醒。不管在你身上发生的是什么，它的新奇性足以让你激动不已，完完全全被吸引。当你把注意力放在这些新鲜事上时，就摆脱了那些平常的感觉。"深信不疑"意味着发生的一切必定是美妙有趣的，让你知道所做的一切确实有用。

终极实验

我们的人生目标并不是做个好人、变得美丽、成为名人或成功人士。我们的目的，是除去那些阻碍智慧流动的面具和伪装，让大道畅通无阻地呈现；是通过努力创造让自己变得强大，并寻找一些更伟大问题的答案——这些问题必然将引导我们走向更丰富的命运；是期盼奇迹，而不是预期最坏的情形；是勇敢笃定地生活，宛如有神灯照亮前方；是去思考非凡的主题，去预期我们的成就；是用开放的心态容纳更多的可能性——这一切是对我们的挑战，让我们不断去进化、改善自己的存在。

我们还能走多远？这段探索之旅没有终点。唯一能够限制我们的，就是我们能想到的问题、拥有的知识以及保持头脑与心灵开放的能力。

AFTERWORD

后记

把真我变成习惯

　　这个世界有很多与人类自身相关的谎言，逐渐被大多数人信以为真的最大谎言之一就是：我们真正的本质只不过是由物质现实定义的物理存在，没有维度，没有生命能量——我相信到了此时大家应该已经知道，生命的能量就在我们体内，在我们周围。隐瞒与我们真实身份有关的真相，让我们活在无知里，这不只是一种奴役，更是对自我的轻视——断定我们只是有限的存在，只能生活在没有真正意义的线性生活里。

　　曾经的"至理名言"声称，没有任何领域、任何生命能超越物质世界，我们对命运完全无能为力。对于这种所谓"真相"，你和我都不应该再相信了。我希望，我在这本书中奉上的这一丁点知识能够让你强大起来，帮助你看到本来的自己。

　　你是能够创造自身现实的多维度生命。帮助你接纳这个观点，让它成为你的行动指南——这就是我要在这本书里完成的任务。"打破你的存在习惯"意味着丢掉你原来的意识，创造一个新的自我。

但是，当彻底放下熟悉的生活或意识，开始创新时，被夹在新旧两个世界之间的你会有那么一刻感到一无所知，大部分人会火速地从这种虚无中逃回熟悉的世界中去。而那片充满不确定的、未知的领域，正是那些特立独行者的福地。

生活在那片不可预知之地，意味着你可以在同一时间成为所有潜在的可能。你能在这样虚无的空间里变得自在吗？如果你能，你就是那个伟大的创造力的核心，那个"我"。

当我们打碎了世俗施加于我们的枷锁，就在生物、能量、生理、情绪、化学、神经甚至基因上改变了自己，终止了那种默认竞争、冲突、成功、虚名、外表、性别、财产、权力为终极目标的无意识状态下的生活。我担心的是，那些组成了所谓人生终极成功的要素会让我们一直向外寻求人生的答案和真正的幸福，但真正的答案和真正的喜悦一直存在于我们的内在世界里。

所以，我们该去何处寻找真正的自我，要如何才能找到呢？是打造一个由我们与外在环境的所有联系形成的人格面具吗？别忘了，满嘴谎言的正是这个人格面具。抑或是认同我们内在的某样东西——这个东西和外界的一切一样真实，并为它创造一个独特的身份，去效仿它所拥有的觉察和意识？

这就对了——那个无限的智慧是所有人与生俱来的。它是充满能量的意识，这个意识拥有极高的相干性，以至于当它穿过我们的身体时，除了"爱"，我们不知道还能把它叫作什么。

当你敞开大门时，它的频率会携带着关键的信息呼啸而来，让我们从内而外焕然一新。我一直谦卑地盼望着的，就是这样的体验。

我希望让大家知道，只要你愿意，任何时候都可以接近它。你的注意所在，就是能量所在。如果你把所有的注意力都投向外在的物质世界，这种关注就会变成你对现实的投资。相反，如果用冥想打开更深层次的自我，你的能量就会让这个属于更深层次的现实得到扩展。而你，作为人类，拥有将觉察力放在任何东西上的自由。觉察力是一种强大的力量，你会逐渐培养出对这种力量进行控制及正确运用的能力，这是一个珍贵的礼物。无论你把意念和觉察放在何处，你所专注的东西都会变成属于你的现实。

简言之，只要你在这个世界洒下种子，终有一日会看到它们开花结果。如果你能在充满各种可能性的内在世界，将一个梦想在意识和情绪中完整、彻底地体验一遍，那我们就可以说，这个梦想中的情形已经发生了。

不过，走到这一步，我们就迎来了整个过程中最艰难的部分——挤出或投入一定的时间，让你那宝贵的自我采取确实的行动。

我们也是习惯的生物，对一切都会培养出习惯来。我们拥有三个大脑，可以从知识进化到经验再到智慧。通过不断重复相同的经验，我们把学到的东西内化，把身体调教成意识——这就是我们对习惯的定义。我们在习惯中获益，也会在习惯中损伤。

　　问题是，我们的很多习惯是在限制自我，使自己无法变得真正伟大。那些具有强烈成瘾性的生存情绪导致我们活在局限里。我们为什么会受情绪的支配，为什么要以低标准的能量为生，为什么会被一套根植于恐惧的信念奴役？始作俑者就是与应激有关的相应意识状态。这些所谓的"正常心理状态"一直被大多数人当作平常或普遍的东西接受。事实上，它们才是意识的"异常状态"。

　　因此，我想强调的是，焦虑、抑郁、沮丧、愤怒、负罪感、痛苦、担心以及悲哀，虽然是数十亿人经常表达的情绪，但它们可能正是这么多人会在生活中失去平衡、与真我渐行渐远的原因。

　　是时候觉醒了，用你的人生把真理活出来。光支持这些理论是不够的，还要在生活中实践它们。当我们将这些理念"身体化"，并把它们培养成习惯，它们就会固化为我们的一部分。

　　既然我们天生就会创造习惯，那为什么不设法让真正的伟大、慈悲、天赋、创造力、强大、爱、觉察、慷慨、疗愈成为我们的新习惯？将那些曾被我们当作身份组成部分的个人情绪一层层地剥离；除去那些曾被我们赋予过多力量的、自私的限制；抛弃那些与现实和自我的本质有关的错误信念和观点；战胜那些具有破坏特性的、反复阻碍我们进化的神经习惯；放弃那些让我们看不清"内在自我"的态度……这一切都是寻找真我的一部分。

　　所以，你能打破的最大习惯就是你的存在习惯，你能创造的最大习惯就是让真实的自我表达出来。那是你将自己的真实本质和身份变成习惯的时刻。这就是把真我变成习惯。

APPENDIX A

附录 A

身体部位诱导法

（第一周）

现在，你能否觉察到，你的嘴唇所占据的空间，你能否感觉到，你的嘴唇所在空间的大小……在空间中……

现在，你能否觉察到，你的下巴所占据的空间……你能否注意到，你的整个下巴所在空间的大小……在空间中……

现在，你能否感觉到，你的脸颊所占据的空间……以及你的脸颊所在空间的密度……在空间中……

现在，留心你的鼻子所占据的空间……你能否感觉到，你的整个鼻子所在空间的大小……在空间中……

现在，你能否感觉到，你的眼睛所占据的空间，你能否感觉到，你的眼睛所在空间的大小……在空间中……

现在，你能否注意到你的整个前额，一直到鬓角，所占据的空间……你能否感觉到，你的整个前额所在空间的大小……在空间中……

现在，你能否注意到，你的整个面部所占据的空间，你能否感觉到，你的整个面部所在空间的密度……在空间中……

现在，你能否注意到，你的耳朵所占据的空间。你能否感觉到，你的耳朵所在空间的大小……在空间中……

现在，你能否感觉到，你的整个头部所占据的空间。你能否感觉到，你的整个头部所在空间的大小……在空间中……

现在，你能否留意到，你的脖子所占据的空间。你能否感觉到，你的整个脖子所在空间的大小……在空间中……

现在，你能否注意到，你的整个上半身所占据的空间，注意你的胸部、肋骨、心脏和肺部，一直到背部和肩胛骨，再到肩膀，感觉它们所在空间的密度……你能否注意到，你的整个上半身所在空间的大小……在空间中……

现在，你能否意识到，你的整个上肢所占据的空间，以及上肢所在空间的分量……在空间中……你的肩膀、上臂，一直到你的肘部、前臂、手腕、手，所在空间的密度……你能否注意到，你的整个上肢所在空间的分量……在空间中……

现在，你能否感觉到，你的整个下半身所占据空间的大小……你的腹部、两侧、肋骨，一直到脊柱和背部的末端……

你能否感觉到，你的整个下半身所在空间的大小……在空间中……

现在，你能否感觉到，你的整个下肢所占据空间的密度……你的臀部、腹股沟、大腿……膝盖所在空间的密度，胫骨和小腿的分量……你能否注意到，从你的脚踝和脚掌，一路向下，直到脚趾头……你的整个下肢，所在空间的大小……在空间中……

现在，你能否注意到，你的整个身体所占据的空间……你能否感觉到，你的整个身体所在空间的密度……在空间中……

现在，你能否感觉到，在你整个身体周围的空间，你能否察觉到，你身体周围的整个空间的大小，你能否感觉到这片空间所在的空间……在空间中……

现在，你能否感觉到整个房间所在的空间。你能否感觉到房间所在空间的大小，在整个空间中……

现在，你能否感觉到所有空间所占据的空间，能否感觉到这片空间所在空间的大小……在空间中……

注：在这段诱导语中，为什么我要反复提到"在空间中"这个短语呢？有一个很重要的原因。EEG 监测显示，当人们被引导着去觉察身体所占据的空间及这片空间在空间中的大小时，脑电波会转变为 α 波状态。诱导语中与空间有关的用词以及指令会让被试的脑电波模式发生功能性的改变，这种改变明显得立刻就能被察觉到。

APPENDIX B
附录 B

水位上升诱导法

（第一周）

　　在这种诱导法中，你要做的，就是彻底顺应身体的感觉，让温暖的水放松你所有的肌体组织，允许自己完全融入这片液体中。我建议大家以舒服的姿势坐在椅子上，双脚平放在地板上，双手放松地搁在膝盖上。

　　想象温暖的水开始在房间里蔓延、上升……当它漫过你的双脚和脚踝时，细细感受双脚浸入水中时那温暖的感觉……

　　允许这片温暖的水继续上升，漫过你的小腿和胫骨，直到膝盖以下。感受从双脚到小腿之间这个部分的重量，在水下……

让自己放松下来，任由水上升到你的膝盖，然后漫过你的大腿……当这片水环绕大腿时，感觉你的双手浸在温暖的水中……体会一下，你的手腕和前臂融入那片温暖液体时的感觉……

现在，注意这片水，注意它环绕着你的臀部、腹股沟、大腿内侧时，那让你安心、熟悉的感觉……

水位一直上升，一直上升……上升到你的腰部，感受到它漫过你的前臂和手肘……

这片温暖的液体还在持续向上，朝着你的心口，一直向上……注意它一点点漫过你一半上臂时的感觉……

现在，感觉一下你身体的重量，将你的胸腔以下都浸泡在温暖的液体里，感觉你的手臂正一点点融入这片温暖中……

现在，任由这片水环绕着你的胸部，漫过你的肩胛骨……

感觉水一直上升，抵达你的脖颈，任由它漫过你的肩膀……感觉你脖子以下整个身体的重量和密度，浸泡在这片温暖的液体里……

现在，随着水漫过你的脖子，体会一下从脖子到脸颊都没入水中的感觉……

任由这片温暖舒适的液体继续上升，抵达你的嘴唇，感觉你的头部后方被水环绕……当水漫过你的上唇、鼻子，保持放松，任由它包裹你，任由温暖的液体上升到你的眼睛下方……

任由水漫过你的眼睛，感觉眼睛以下的一切都浸泡在这片温暖的液体里。感觉它漫过前额，漫过头顶，感觉你的头部留在水面以上的部位越来越小，越来越小……任由它漫过你的整个头部……

现在，将自己完完全全地交给这片温暖的、让人放松的液体吧，让自己全心去体会身体被温水环抱时那种失重的状态。任由你的身体浸在这片液体里，去感觉它自身的密度……

去感觉围绕着身体的这片水的体积，身体所在的空间……去觉察整个房间被淹没在水下的部分……去感觉被这个房间填满的空间，被温暖的水所覆盖的空间……给自己一段安宁的时光，全心去体会身体在这片空间中漂浮的感觉……

APPENDIX C
附录 C

冥想引导：全过程

（第 2 ~ 4 周）

你可以用附录 A 中的身体部位诱导法，附录 B 中的水位上升诱导法，或者其他任何一种你用过或自创的方法来开始这段冥想。

第二周

识别。如果你紧紧抓住过去的情绪不放，就无法创造一个新的未来。你想删除的情绪是什么？记住那种情绪在你身体内的感觉……识别在那种情绪驱动下的熟悉的意识状态……

承认。是时候求助你内在的力量了，向它介绍自己，告诉它，你想让自己发生哪些改变。开始向它坦白过去的你是个什么样的人，一直隐藏的是什么。在你的意识中与它对话。记住，它是真实的。它已经很了解你。它不会审判你，它只会爱你……

对它说话："在我里面，在我周围，无处不在的宇宙意识啊，我曾经 ＿＿＿＿ ，我真的很想改变这种被限制住的状态……"

宣告。是时候将你的身体从意识化的状态中解脱出来了，是时候弥合你的"外在自我"与"内在自我"之间的那道鸿沟了，是时候把你的能量释放出来了。让你的身体摆脱熟悉的情绪捆绑，它让你与过去和现在的所有事物、所有地方、所有人纠缠不清。就在此刻，将你的能量释放出来吧。把你想删除的情绪说出来，大声地说出来，让它离开你的身体，也离开你的环境。现在，把它说出来吧……

臣服。现在，该将这种存在状态交给智慧了，用智慧解决这个问题。你只需把门打开，把自己交出去，然后彻底放下。让智慧将你的局限带走。"伟大的智慧，我将我的 ＿＿＿＿ 交给你。把它从我这里带走吧，将这种情绪融进一个更伟大的智慧中吧。请让我摆脱过往的枷锁。"现在，想象一下，如果你知道这个伟大的智慧会将你记忆中的情绪带走，你会有什么感觉？尽情地体会这种感觉吧……

第三周

观察与提醒。现在，先确定没有任何意念、行为或习惯能够在你毫无觉察的情况下，把你带回那个旧自我。为保证万无一失，让我们仔细地观察意识和身体的无意识状态——当你处于这种状态时，通常是怎么想的？对自己说了些什么？你再也不想对哪些声音信以为真？观察那些意念……

现在，开始断开你与那个旧程序之间的连接。你过去是怎么表现的？是以什么方式讲话的？觉察那些无意识状态，直到确定它们不会再次在你毫无觉察的时候偷偷进行……

当你开始将主观意识客观化，开始仔细观察那个旧程序时，就意味着你不再是那个程序本身。觉察是你的目标。提醒自己，你再也不想做什么样的人，再也不想以什么方式思考，再也不想以什么方式行动，再也不想以什么方式感觉……

去熟悉旧人格的方方面面，不需要多做什么，仔细观察就好。带着坚定的信念，决定再也不想成为那样的人，让这个决定产生的能量变成终身难忘的体验……

重新定向。现在，是时候进行"改变游戏"了。想象三个生活场景，它们会让你感觉又回到了那个旧自我。当这些场景清晰地浮现在你的脑海里时，大声对自己说"改变"。首先，想象一个早晨，你正在淋浴，就在你已经做好准备开始新的一天时，突然留意到那种熟悉的感觉又出现了。就在你注意到它的那一刻，说"改变"——就这样，你让改变发生了。为什么要改变？因为生活在那种熟悉的情绪之中对你没有任何好处。用相同的方式向相同的基因发送信号没有任何实用价值。不再同时激发的神经细胞也不会再连接在一起。你控制住了……

接下来，想象一个正午的场景。你正沿着公路行驶，突然，驱动着那些熟悉意念的熟悉感觉出现了，你该怎么做？你要说"改变！"就这样，你改变了。为什么要改变？因为健康快乐状态能带给你丰厚的回报，这远比回归旧自我更重要。因为生活在那种情绪之中从来不是对自己的关爱。每一次改变自己的状态时，你深知那些不再同时激发的神经细胞不会再连接在一起了，你也不会再用同样的方式触发相同的基因了……

现在，再进行一次"改变游戏"。想象自己准备就寝了。就在你把床收拾好，正准备钻进被窝时，突然注意到那种熟悉的感觉又冒头了，它引诱你用旧人格的方式行动，你该怎么做？你要说"改变"，就这样，你改变了。因为不再同时激发的神经细胞不会再连接在一起。用那种方式向那些基因发送信号不是对自己的爱，没有人、没有事值得你这么做。你控制住了……

第四周

创造。现在，好好想想，你最高版本的自我会是什么样的？一个伟大的人会怎样思考、怎样行动？会怎样生活？会如何去爱？伟大是一种什么样的感觉？

现在，让自己进入一种存在状态。是时候改变你的能量，并发送全新的电磁特征信号了。当你改变了自己的能量，就改变了自己的人生。你让意念变成了经验，让经验产生了积极情绪，你的身体就开始在情绪上相信，未来的你现在已经活生生地存在了……

容许自己以新的方式触发新的基因；用情绪的方式在真实事件发生之前向身体发送信号；容许自己爱上那个新的理想形象；打开你的心扉，开始调教你的身体去适应新的意识……

让内在经验变成心境，再变成气质，最后变成新的人格……

进入一种新的存在状态……如果你就是理想中的这个人，

你会是什么感觉？当你结束冥想起身时，不能和刚才坐下来的是同一个人。你必须心怀感恩，必须让这种情绪深刻到足以让身体在真实事件发生之前就开始改变，并相信你已经成为了理想中的那个人……

成为那个理想中的人……

让自己强大起来——变得自由、无限、有创造力，变成天才——那就是你……

一旦你产生了这种感觉，将它存储起来；一定要记住这种感觉。这就是本来的你……

现在，让我们暂时放开这种感觉，让它进入量子场；放开它吧……

演练。现在，就像那些改变大脑的钢琴演奏者和改变身体的手指练习者一样，让我们重复刚才的过程。你能否再次从虚空中创造出新的自我……

让我们用神经激发和神经连接的方式创造一个新的意识，并让身体习惯一种新的情绪。熟悉新的意识和身体状态。最高版本的你是什么样的？任由自己开始再次想象那个理想形象……

你会对自己说什么，你会怎么行走，怎么呼吸，怎么活动，怎么生活，怎么感觉？让自己在情绪上无限接近新的自我，直到你开始进入一种新的存在状态……

现在，该再次改变能量，并记住以理想自我的状态存在是什么感觉了。让你的心灵不断扩展……

当你睁开眼睛，你想成为谁？你正在以新的方式向新的基因发送信号。你再一次感觉自己强大起来。进入一种新的存在状态，新的存在状态就是新的人格，新的人格将创造出新的个人现实……

这里就是你创造新命运的地方。在这种意识与身体的高级状态中，以最新现实的量子观察者的身份，让物质听命于你。体会那种不可战胜、充满力量、充满振奋、充满喜悦的感觉吧……

在新的存在状态下，在脑海中描绘你想体验的事件，让这个图像变成未来的蓝图。仔细观察你创造出来的这个现实，让那些以概率波形式存在的粒子坍缩成一个被称为"人生新体验"的事件。观察它，指挥它，保存它，然后继续下一个图像……

现在，让你的能量与新的命运缠绕在一起。那个梦想中的未来事件一定会找到你，因为是你用自己的能量创造了它。放手去创造未来，这个未来是你带着肯定、信任与了解期盼着的……

不要去分析，不要试图搞清楚它会如何发生。控制结果不是你该做的事情。你的任务是创造。当你以观察者的眼光去观察未来时，唯一需要做的，就是用自己的能量加持自己的人生……

在感恩中，以新的意识与身体状态，与你的新命运融为一体。为新的人生感恩吧……

当你期待的事物在生活中一一呈现，你会是什么感觉？去细细体味那种感觉吧，因为活在感恩状态就是活在接受恩赐的状态。感觉你的祈祷已经得到回应……

最后，是时候向你内在的力量（那个更伟大的意识）求助了，请求它给你一个明确的信号：如果今天你效仿了它，变成了用观察让所有生命变成实质的造物者，并与它进行了接触，而它也一直在密切关注着你的努力和意图，那么，它应该将这一切以某种方式在你的生活中显现出来。你知道它是真的，是确实存在的，而且现在和它有了双向沟通。请求来自量子场的信号以你最意想不到的方式到来，给你惊喜，所以你会被鼓舞着重复这个过程。现在，就请求它给你一个明确的信号吧……

现在，将你的觉察重新放到身体上，这是全新的时间轴上、全新的环境中全新的身体。当你做好准备，就让自己重新回到 β 波状态。然后，你就可以睁开眼睛了。

ACKNOWLEDGEMENTS

致谢

是什么让我们梦想成真？除了我在这本书里提到的那些原因，就是我们身边的人——和我们有共同的愿景、赞同我们的目标、用最简单的方式给予我们支持、表现出高度的责任感、真正无私的人。我很幸运，在本书创作的过程中，总是能遇到这样美好、能干的人。在此，我想郑重地向大家介绍他们，并向他们致以深深的敬意。

首先，我想感谢 Hay House 出版社的各位朋友，他们在很多方面都给予了我大量的支持。真诚感谢雷德·崔西（Reid Tracy）、斯泰西·史密斯（Stacey Smith）、香农·利特瑞尔（Shannon Littrell）以及克里斯蒂·萨利纳斯（Christy Salinas）。谢谢你们对我的信任，谢谢你们给了我信心。

其次，要向我在 Hay House 的项目编辑艾尼克斯·弗里曼（Alex Freemon）表达诚挚的谢意，感谢你诚实的反馈，感谢你的鼓励和专业，感谢你的善良友好和善解人意。也感谢加里·布罗泽克（Gary Brozek）和埃伦·丰塔纳（Ellen Fontana），谢谢你们用自己的方式对我的工作做出了贡献。

还要感谢萨拉·斯坦伯格（Sara J. Steinberg），我的个人编辑，感谢你再次与我踏上同一个旅程。我们再一次共同成长。祝福你的美好心灵，因为它是如此体贴、温柔与忠诚。你是上天对我的恩赐。

我想感谢约翰·迪斯派尼兹（John Dispenza），感谢你不费吹灰之力就创作了这么棒的封面设计。你总是能让封面看起来异常简洁。感谢才华横溢的劳拉·舒曼（Laura Schuman），感谢你为本书内页设计了如此美丽的图画艺术。感谢鲍勃·斯图尔特（Bob Stewart），感谢你用耐心、才能和无私为封面的艺术性做出的贡献。

谢谢你，葆拉·迈耶（Paula Meyer），我了不起的私人助理，一个有能力在戏耍1 000头大象时也能观察到周围一切细节的人。感谢你对细节的关注。同样，衷心感谢"脑团队"的其他人。感谢克里斯·理查德（Chris Richard）温柔的支持；感谢贝丝·沃尔夫森（Beth Wolfson）和史蒂夫·沃尔夫森（Steve Wolfson），我非常感激你们在工作上的合作；感谢克里斯蒂娜·阿斯皮利奎塔（Cristina Azpilicueta）的一丝不苟和精益求精；感谢斯科特·埃尔科拉尼（Scott Ercoliani），感谢你一直以来的高标准、严要求。

我还想感谢诊所的员工们。我很荣幸能够与办公室主任达纳·雷谢尔（Dana Reichel）共事，他有着一颗月亮般包容的心，在很多方面一直与我共同成长。还要感谢团队中的其他人：马文·国清博士（Marvin Kunikiyo）、伊莱娜·克劳森（Elaina

Clauson）、达尼埃尔·霍尔（Danielle Hall）、珍妮·佩雷斯（Jenny Perez）、艾米·舍费尔（Amy Schefer）、布鲁斯·阿姆斯特朗（Bruce Armstrong）以及埃玛·雷曼（Ermma Lehman）。

感谢全世界愿意接受书中观点的人，不管你们来自哪里，只要你们将这些观点应用于生活，就是对我最大的鼓舞。谢谢你们不断地将想法变成可能。

此外，我想向丹尼尔·亚蒙博士（Daniel Amen）表达温暖、真诚的谢意，谢谢你认真热心地为本书作序。

我还想提一提我的母亲，弗兰·迪斯派尼兹（Fran Dispenza），她让我学会坚强、冷静、有爱心、有决断。谢谢你，妈妈。

感谢我的孩子们，你们教会我什么是无条件的爱，你们给了我时间和空间，让我得以在全球巡回演讲的同时又完成了一本书的写作，对此我不知该说什么才能表达心意。你们以如此无私的方式始终不变地支持着我。谢谢你们表现出来的美德。

最后，谨将此书奉献给我的爱人，罗伯塔·布里廷厄姆（Roberta Brittingham），你依然是我此生遇见的最迷人的女子。谢谢你照亮了我的人生。你是集优雅、高贵和爱于一身的女人。

关于作者

    乔·迪斯派尼兹博士曾在罗格斯大学（Rutgers University）攻读生物化学。他还是理学学士，主攻神经科学，并从佐治亚州亚特兰大的拉弗大学（Life University）获得脊骨神经科博士学位，以优异的成绩毕业。

    乔博士还接受了神经病学、神经科学、脑功能与化学、细胞生物学、记忆形成、衰老与长寿等方面的硕士教育。他是美国脊椎按摩师检查委员会的荣誉成员，获得了拉弗大学向在医患关系上表现优秀者颁发的"临床能力嘉奖"，他也是国际脊骨治疗荣誉协会（Pi Tau Delta）成员。

    在过去的 12 年中，乔博士的足迹遍布 6 大洲的 24 个国家。他举办讲座，向成千上万人讲解人类大脑的作用和功能，以及如何用经过科学证明的神经生物学原理来改编思维程序。在他的努力下，很多人学会了通过消除自我破坏性的习惯来实现自己的特定目标和愿景。他那简单而强大的教学方法在人类的真正潜能和最新的神经可塑性科学理论之间建起了一座桥梁。乔博士阐释了以新的方式思考和改变信念这两种做法是如何让大脑发生确切改变的。他的整体信念是，这个星球上的每个人身上都蕴含着让自己变得伟大、拥有无限力量的潜能，而他的工作正是基于这个信念之上。

乔博士的第一本书《进化你的大脑：改变意识的科学》，将关于意念和意识的主题与大脑、意识、身体联系起来，探索了"改变生物学"。换句话说，当我们真正改变意识时，大脑中就会存在改变发生的物理证据。

乔博士还发表了多篇科学文章，探讨大脑与身体之间的密切关系。他解释了脑化学和神经生理学在生理的健康和疾病中所起的作用。最近他发行了《进化你的大脑：改变意识的科学》的 DVD 版本，研究了人类的大脑是如何通过对意念的操控来影响现实世界的。他还创作了具有教育意义和启发意义的系列CD，在里面回答了一些被问得最多的问题。在研究疾病的自然康复现象时，乔博士发现，这种现象和那些经历了所谓"奇迹般痊愈"的人是类似的，这表明这些人在事实上改变了自己的意识，进而改变了自己的健康状态。

版权声明